Ernst Bäucker · Claus-Thomas Bues · Björn Günther · Michael Rosenthal · Liane Stirl

# Bestimmung von Hölzern mit der Lupe

Eine Beschreibung von Merkmalen an farbigen Bildern und Anleitung zur Bestimmung von 28 wirtschaftlich bedeutsamen einheimischen und eingebürgerten Holzarten



DRW

**Abbildungsnachweis**
Alle Abbildungen von E. Bäucker, C.T. Bues, B. Günther, M. Rosenthal und L. Stirl
Technische Universität Dresden, Fakultät Umweltwissenschaften, Professur für Forstnutzung

www. drw-verlag.de


Umschlaggestaltung / Layout: M. Rosenthal
Druck: Silber Druck oHG, Lohfelden



ISBN 978-3-87181-890-5

Lupenbilder

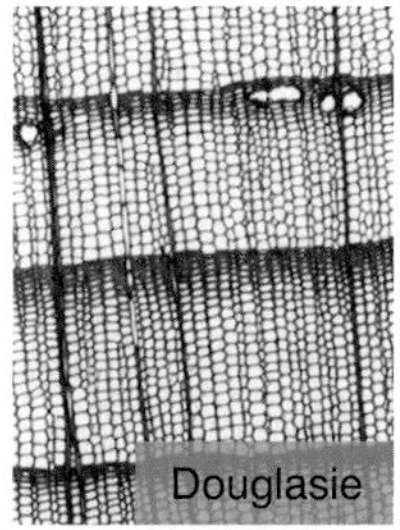


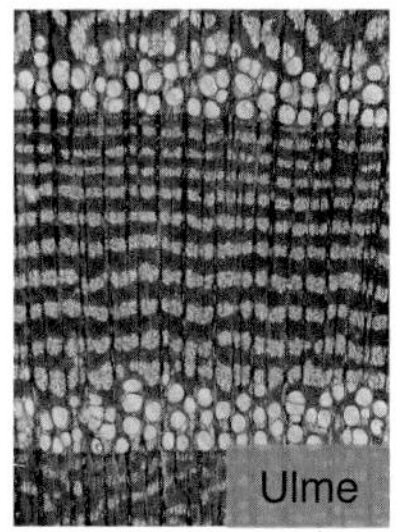

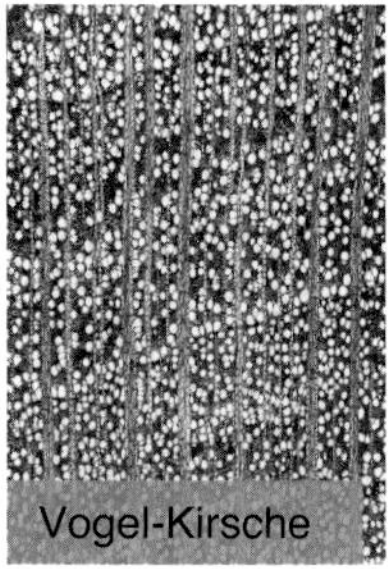
Vogel-Kirsche

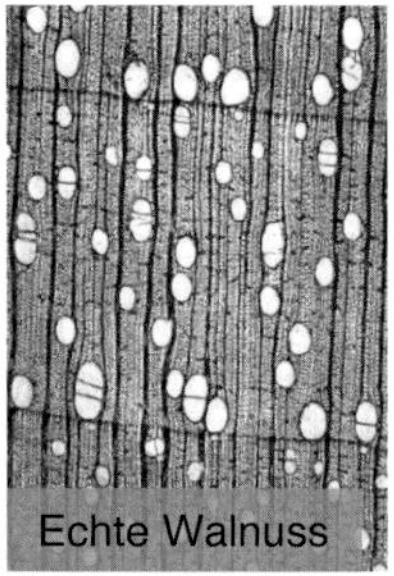
Echte Walnuss

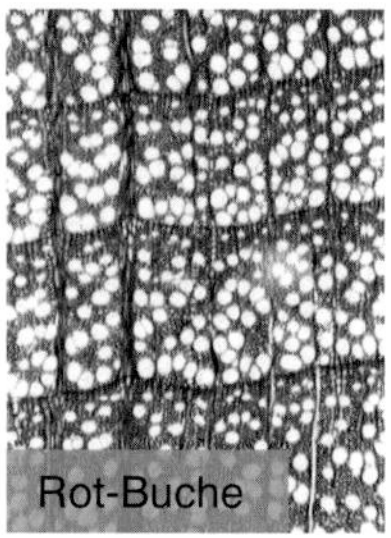
Rot-Buche

# Grundlagen

Das vom Menschen als natürlicher Rohstoff genutzte Holz wird vom Baum zur Erfüllung wichtiger Lebensfunktionen gebildet. Unterschiede im anatomischen Aufbau von Holzart zu Holzart und letztlich von Probe zu Probe machen das Holz interessant, erschweren aber auch seine Bestimmung.

***Die Variabilität des anatomischen Aufbaus des Holzes ist begründet durch:***

### ► Die Funktionen des Holzes im Baum allgemein

- *Festigung*
- *Wasserleitung*
- *Speicherung*
- *Schutz (Abwehr von abiotischen und biotischen Schäden)*

### ► Die unterschiedliche Bedeutung der Hauptfunktionen des Holzes in den Baumteilen

- *Wurzel – Stamm – Ast, Splint – Kern*

### ► Die Genetik (stammesgeschichtliche Zuordnung der Art)

- *Nadelhölzer (Gymnospermen) – Laubhölzer (Angiospermen/ Dikotyledonen)*
- *Ähnlicher anatomischer Bau innerhalb der Gattungen (häufig im Einzelfall holzanatomisch nicht unterscheidbar)*
- *Innerhalb der Familien deutliche anatomische Unterschiede*
- *Baumindividuelle Unterschiede*

## ► *Zusätzlich wirken Einflüsse aus der Umwelt im weitesten Sinne auf den Holzaufbau:*

- Soziologische Stellung *(solitär, vorherrschend, mitherrschend, unterdrückt)*
- Bestandesstruktur *(Reinbestand, Mischbestand, ungleichaltriger Bestand)*
- Klima *(Bildung von Jahrringen oder Zuwachszonen bei Tropenhölzern)*
- Witterung *(Jahrringbreite, Frühholz- und Spätholzanteil)*
- Bodengüte des Standortes *(Breite der Jahrringe bzw. Zuwachszonen)*
- Immissionen *(Jahrringbreiten)*
- Abiotische oder biotische Schäden *(Sturm, Pilze, Kahlfraß, Fäuleabschottung, Wundreaktionen)*

In Notsituationen kann der Baum zeitweilig auch ohne Holzbildung überleben *(Jahrringausfälle, „fehlende Jahrringe“).*

***Die Variabilität ergibt sich damit:***

- **Aus den Funktionen des Holzes im Baum:**

  *Festigung, Wasserleitung, Speicherung, Schutz*

- **Den Einflussfaktoren:**

  *Baumteile, Genetik, Umwelt*

***Ihre Folge ist:***

- Die Vielfalt der Holzanatomie
- Die hohe Variabilität in der Ausprägung der Merkmale von Probe zu Probe

**Die Variabilität der Holzanatomie ist eine Folge der natürlichen Optimierung zwischen Struktur, Funktion und Energieaufwand für die Holzerzeugung, der jeweils aktuellen Lebenssituation und der Umweltbedingungen des Baum-Individuums**

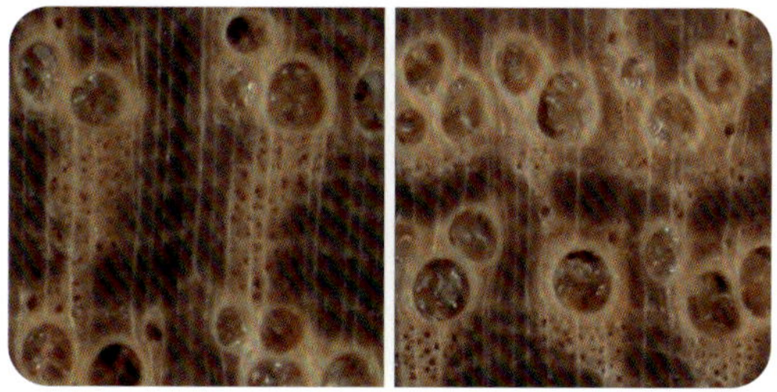

## *Definitionen ausgewählter holzanatomischer Begriffe (1)*

**Frühholz:** Zu Beginn der Vegetationsperiode im Frühjahr gebildeter Teil des Jahrringes, mit weitlumigen Zellen besonders für die Funktion der Wasserleitung ausgelegt.

**Gefäße (Poren):** Relativ große, auf die Wasserleitung spezialisierte Zellen der Laubhölzer. Insbesondere bei den Ringporern unterscheiden sich um ein Mehrfaches größere **Frühholzgefäße** von kleinen **Spätholzgefäßen**.

**Harzkanal:** Langgestreckter, axial oder radial verlaufender, röhrenförmiger interzellularer Raum, der mit harzausscheidenden Epithelzellen ausgekleidet ist.

**Holzstrahlen (HS):** Für Speicherung und radiale Stoffleitung ausgelegtes Gewebe, das in Form artspezifisch hoher und breiter Bänder den Holzkörper strahlenförmig in radialer Richtung durchzieht. **Primäre HS (=Markstrahlen)** durchziehen den gesamten Holzkörper vom Mark bis zum Kambium. **Sekundäre HS** werden in später gebildeten Jahrringen zwischen die primären HS eingefügt, so dass der tangentiale HS-Abstand trotz Dickenwachstums etwa konstant bleibt.

**Jahrring:** Zuwachszone mit deutlicher Abgrenzung, in Klimaten mit einer jährlichen Unterscheidung von Vegetationsperiode und Vegetationsruhe entstanden.

**Kambium:** Zwischen Holz und Rinde gelegener, wenige Zellen breiter Ring meristematischer Zellen, von dem aus die Bildung der Xylem- (Holz-) und Phloem- (Rinden-) Jahrringe erfolgt.

**Kernholz:** Innerer Teil des Stammquerschnittes, ohne lebende Parenchymzellen, nicht mehr wasserleitend, durch Kernstoffeinlagerungen farblich vom Splintholz abgesetzt.

**Kernreifholz:** Bei einigen Holzarten wird der Farbkern von einer Zone noch nicht verfärbten, trockenen Kernholzes umgeben.

## *Definitionen ausgewählter holzanatomischer Begriffe (2)*

**Laubholz (LH):** Holz der Laubbaumarten. Enthält Gefäße (Poren).

**Mark:** Meist zentrisch im Stammquerschnitt gelegener Ausgangspunkt der Jahrringe.

**Markflecken (Zellgänge):** Dunkel (oft rötlich) gefärbtes Wundgewebe. Es wird nach Kambiumverletzung durch minierende Larven einiger Fliegenarten der Gattung *Phytobia* (u.a. *P. aucopariae; P. betulae; P. cambii; P. tremulae*) bei einigen Laubhölzern (z.B. Birke, Erle, Weide u. a. auch Ahorn, Obstbäume) in charakteristischer Häufung gebildet.

**Nadelholz (NH):** Holz der zu den Gymnospermen zählenden Nadelbaumarten. Enthält keine Gefäße. Die Jahrringe werden meist sehr deutlich durch dunkel gefärbte Spätholzzonen markiert.

**Nadelrisse:** Bei Laubholzarten mit relativ großen Gefäßen sind diese auf den Längsschnitten mit bloßem Auge als feine Rillen sichtbar, die "wie mit einer Nadelspitze eingeritzt" erscheinen.

**Querschnitt:** Holzanatomische Schnittebene quer zur Stammachse geführt (auch Hirnschnitt genannt).

**Radialer Längsschnitt (Radialschnitt = Spiegelschnitt):** Parallel zu den Holzstrahlen geführter Längsschnitt. Die bandförmigen Holzstrahlen werden je nach Präzision der Schnittführung als kurze Flecken oder längere, angeschnittene Bänder (**Spiegel**) sichtbar.

**Reaktionsholz:** Reaktionsholz wird als aktives Richtgewebe im Holzkörper gebildet. Das **Druckholz** der Nadelhölzer ist in Form breiter Jahrringe mit sehr hohem Anteil dunkel gefärbten Spätholzes zu erkennen. Das **Zugholz** der Laubhölzer ist arm an Lignin und im Querschnitt mitunter an einem leicht silbrigen Glanz (erhöhter Celluloseanteil) erkennbar. Meist ist eine eindeutige Abgrenzung nur mit Färbemethoden möglich.

## *Definitionen ausgewählter holzanatomischer Begriffe (3)*

**Reifholz:** Früher gebräuchlicher Begriff für helles Kernholz, alle Eigenschaften des Kernholzes mit Ausnahme der Einlagerung farbiger Kernstoffe können gegeben sein.

**Rinde:** Zone außerhalb des Kambiumringes. Gliedert sich in die **innere Rinde (= Bast)**, in der im Phloem die Assimilatleitung stattfindet und die **äußere Rinde (= Borke)**, die abgestorben ist und überwiegend Schutzfunktion erfüllt.

**Ringporer (ringporige Laubhölzer):** Laubholz mit auffälligen Jahrringen. Die Jahrringe werden durch große Frühholzgefäße markiert.

**Schein(holz)strahlen (zusammengesetzte Holzstrahlen):** Sehr dichte Anordnung schmaler, einreihiger HS (ohne Gefäße in den Zwischenzonen), die im makroskopischen Holzbild als ein breiter HS erscheint. Charakteristisch ist die sehr unregelmäßige Anordnung solcher Scheinstrahlen.

**Spätholz:** In der 2. Hälfte der Vegetationsperiode im Sommer gebildeter Teil des Jahrringes, mit englumigen und dickwandigen Zellen, vorwiegend für die Festigungsfunktion ausgelegt.

**Splintholz:** Äußerer Teil des Stammquerschnittes, wasserleitend, enthält lebende Parenchymzellen, bei nicht verkernenden Holzarten betrifft dies den überwiegenden Teil des Stammquerschnittes.

**Tangentialer Längsschnitt (Tangentialschnitt = Fladerschnitt):** Parallel zu den Jahrringen oder zur gedachten Tangente am Stamm geführter Schnitt. Die bandförmigen Holzstrahlen werden jetzt quer angeschnitten, als **Spindeln** oder Striche sichtbar. Jahrringe ergeben eine Fladerstruktur.

Für die praktische Holzartenbestimmung sind drei Werkzeuge unerlässlich:

## *Werkzeuge*

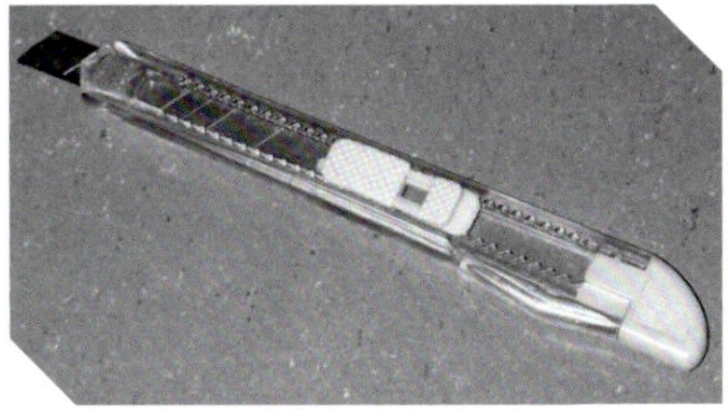

### ▶ Scharfes Messer

Gut geeignet sind die kleinen Messer aus dem Baumarkt.
Die wichtigen Bestimmungsmerkmale sind nur am glatten Anschnitt sichtbar (durch das Sägen und Schleifen werden Gefäße, Holzstrahlen und Harzkanäle meist verdeckt). In der Regel reichen wenige $mm^2$ glatter Anschnitt an der Querschnittsfläche, möglichst im Bereich eines breiten Jahrringes, für die Holzbestimmung aus *(Vorsicht, die Klinge nie in Richtung Hand führen!)*.

### ▶ Gute (8 x od. 10 x bzw. 12 x) Lupe

Die Lupe muss ein planebenes Bild liefern, Lesegläser sind ungeeignet.

### ▶ Bestimmungsschlüssel

Unterschiedliche Bestimmungsschlüssel aus der Literatur nutzen!
Jeder Schlüssel hat „starke“ und „schwache“ Seiten. Grundlage für die Nutzung von Bestimmungsschlüsseln sind Erfahrungen beim Erkennen der Merkmale.

Die Holzbestimmung beginnt mit der Orientierung über die Lage der anatomischen Schnittebenen am Probestück:

## *Anatomische Schnittebenen*

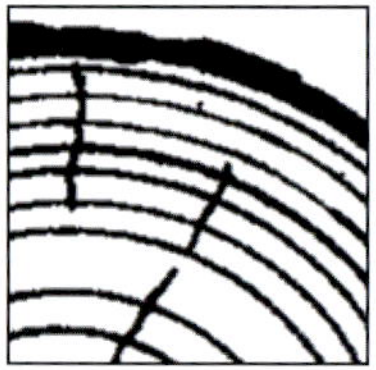

Q

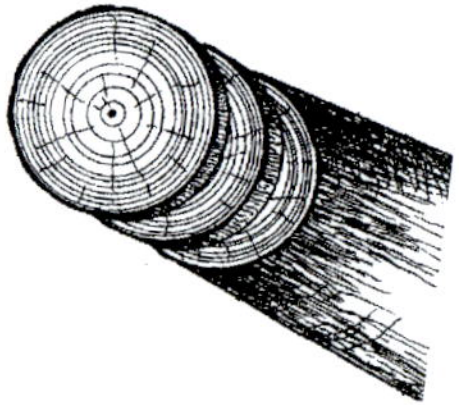

T

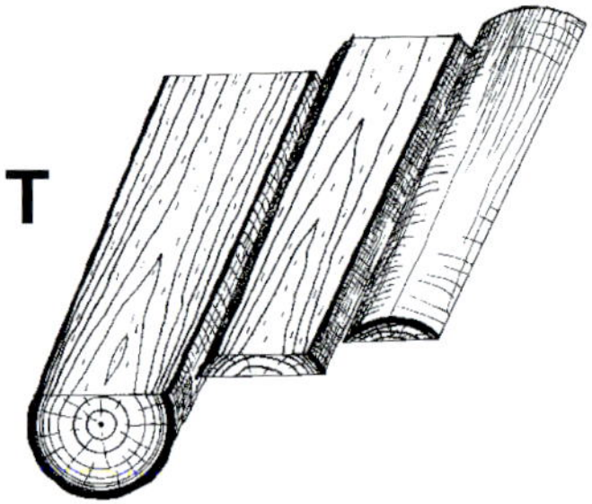

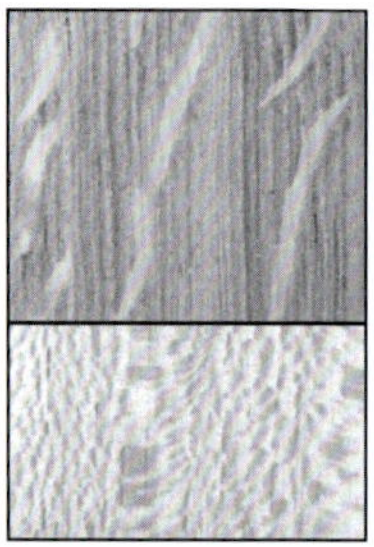

R

► **Querschnitt (Q):**
Quer zur Längsachse des Baumes, quer zur Faserrichtung, Jahrringe erscheinen als konzentrische Kreise, Holzstrahlen als radial ausgerichtete Linien.

► **Tangentialer Längsschnitt (T)**
(Tangentialschnitt, Fladerschnitt):
Parallel zur Tangente oder (etwa) jahrringparallel, Jahrringe erscheinen als Fladerstruktur, Holzstrahlen als Spindeln oder Striche.

► **Radialer Längsschnitt (R)**
(Radialschnitt, Spiegelschnitt):
Parallel zu den Holzstrahlen, vom Mark zur Rinde, Schnittebene wie die Speichen im Rad, Jahrringe erscheinen als Linien, Holzstrahlen als unterschiedlich geformte Spiegel.

Einige Holzarten weisen Kernbildungen auf. Die Farb- und Strukturunterschiede (z.B. Verthyllung) zwischen Splint- und Kernholz können wichtige Hinweise für die Holzartenbestimmung der verkernenden Hölzer geben.

## *Verkernung*

Kreisrunder Farbkern der Douglasie
(obligatorischer Kern)

### Was ist ein Kern?

Innerer Teil des Stammquerschnittes, ohne lebende Parenchymzellen, nicht mehr wasserleitend, durch Kernstoffeinlagerungen farblich vom Splintholz abgesetzt.

### Warum wird er gebildet?

Mit zunehmendem Dickenwachstum des Baumes werden zentrische Teile des Querschnittes für die Lebensfunktionen (Speicherung und Wasserleitung) nicht mehr benötigt. Zur Aufrechterhaltung der Festigungsfunktion werden diese Teile gegen den Angriff durch Mikroorganismen geschützt.

### Wer bildet ihn?

Die Kernbildung erfolgt hauptsächlich durch die letzten lebenden Parenchymzellen an der Splint-Kern-Grenze.

Wolkenförmige Kernbildung der Rot-Buche
(fakultativer Kern)

***Nach der Art der Kernbildung werden unterschieden:***

| Alte Terminologie | Kernholzbäume mit regelmäßiger Kernholzbildung | Kernholzbäume mit unregelmäßiger Kernholzbildung | Reifholzbäume | Splintholzbäume |
|---|---|---|---|---|
| Neue Terminologie | **Obligatorische Kernbildner** | **Fakultative Kernbildner** | **Bäume mit hellem Kernholz** | **Bäume mit verzögerter Kernholzbildung** |
| **Baumarten** | Douglasie<br>Echte Walnuss<br>Edelkastanie<br>Europ. Lärche<br>Pappel (außer Aspe)<br>Pflaume<br>Robinie<br>Stiel-/Trauben-Eiche<br>Strobe<br>Ulme<br>Vogel-Kirsche<br>Wald-Kiefer<br>Weide | Ahorn<br>Birke<br>Elsbeere<br>Gewöhnl. Esche<br>Rot-Buche | Gewöhnl. Fichte<br>Tanne*<br><br>* gelegentlich kann bei Tanne ein pathogener Nasskern auftreten | Aspe<br>Wild-Birne<br>Hainbuche<br>Linde<br>Rosskastanie<br>Schwarz-Erle |

## *Vorgänge während der Verkernung*

Kernholz kann sich vom Splintholz unterscheiden durch:

**► Physikalisch**
- Geringere Holzfeuchte
- Höheren Luftanteil
- Höhere Rohdichte
- Geringeres Quell-/Schwindverhalten

**► Anatomisch**
- Thyllenbildung
- Verstopfung der Harzkanäle
- Tüpfelverschluss
- Verstopfung der Gefäße mit Kernstoffen

**► Physiologisch**
- Einlagerung von Kernstoffen/Harz
- Oxidation vorhandener Stoffe
- Absterben von Parenchymzellen

## *Thyllenbildung*

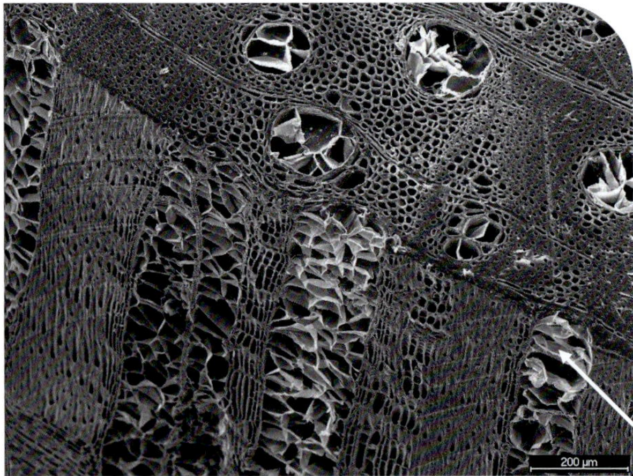


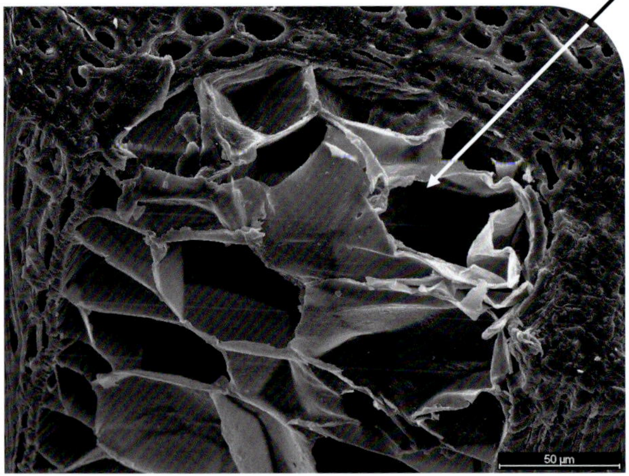


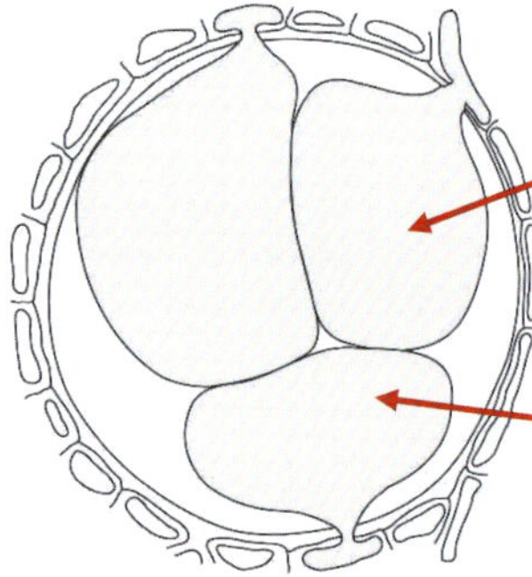

Thyllen sind blasenförmige Gebilde, die von benachbarten Parenchymzellen in die Gefäßlumina durch Tüpfelöffnungen einwachsen.

Sie dienen dem Gefäßverschluss im Kernholz von bestimmten Laubhölzern.

Im Lupenbild erscheinen sie als glänzende Häutchen.

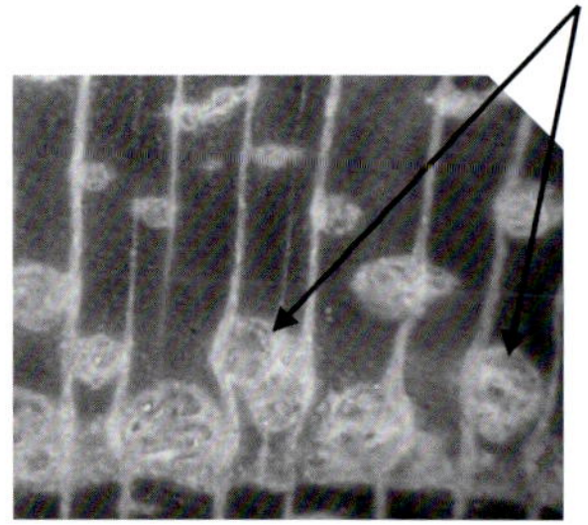

Robinie (REM-Mikroaufnahmen)

***Thyllenbildung im Kernholz einheimischer Laubbaumarten:***

| Reichlich | Mäßig bis wenig | Keine |
|---|---|---|
| Echte Walnuss | Gewöhnl. Esche | Ahorn |
| Edelkastanie | Pappel | Birke |
| Robinie | Platane | Wild-Birne |
| Stiel-/Trauben-Eiche | Rosskastanie | Hainbuche |
| Ulme | Rot-Eiche | Schwarz-Erle |
| | Weide | Vogel-Kirsche |

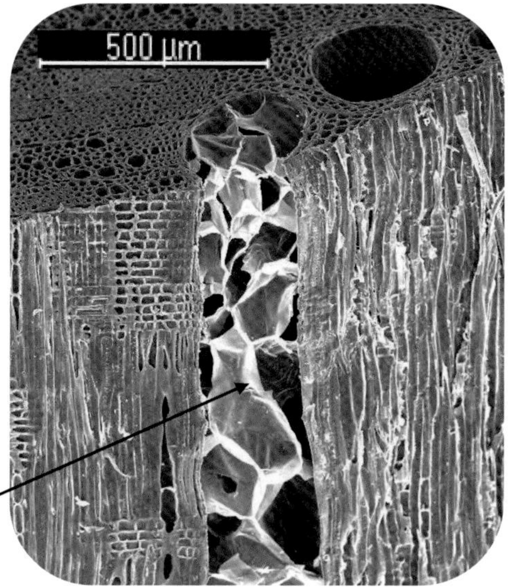


Reichlich verthylltes Gefäß im Holz der Stiel-/Trauben-Eiche (REM-Mikroaufnahme)

Die Splintbreite der einzelnen Holzarten ist unterschiedlich, sie gibt damit erste Anhaltspunkte für die Holzartenbestimmung.

## *Zahl der Jahrringe im Splint und Splintbreite*

| Baumart | Anzahl der Splintjahrringe | Splint im Vergleich zu Kern |
|---|---|---|
| Wald-Kiefer | 20 - 35 | breit |
| Douglasie | 5 - 10 | schmal |
| Lärche | 5 - 10 | schmal |
| Edelkastanie | 3 - 8 | sehr schmal |
| Robinie | 2 - 4 | sehr schmal |
| Stiel-/Trauben-Eiche | 10 - 25 | sehr schmal |

Quelle: Nach Knigge, W.; Schulz, H. (1966): Grundriß der Forstbenutzung. Verlag Paul Parey, S. 108, ergänzt

In einem ersten Schritt der Holzartenbestimmung erfolgt die Zuordnung zu den drei sich anatomisch charakteristisch unterscheidenden Holzartengruppen.

Quelle: Nach Grosser, D. (1977): Die Hölzer Mitteleuropas. Springer Verlag, verändert

## *Einteilung in drei Holzartengruppen:*

Jahrringe deutlich | Jahrringe undeutlich

Im makroskopischen Bild wird die Jahrringgrenze durch dunkleres Spätholz markiert. Keine Gefäße (Poren) vorhanden.

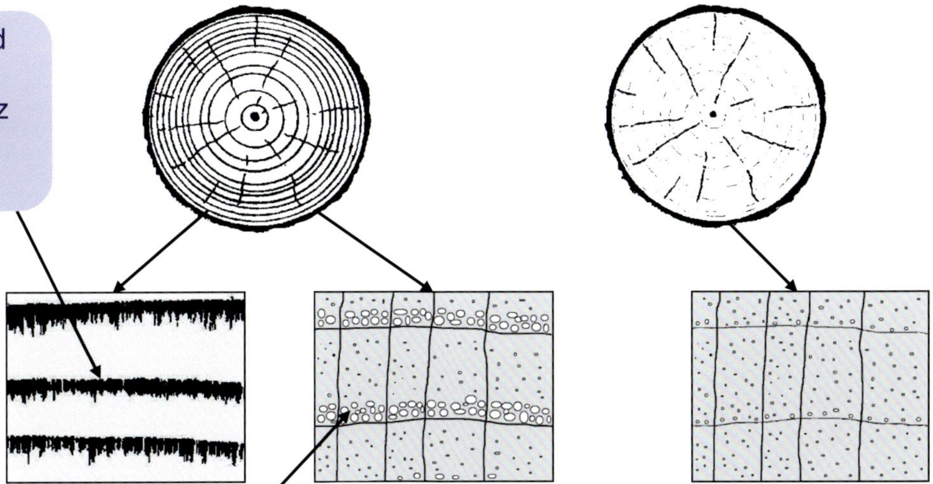

Lupenbilder schematisch:

**Nadelholz** | **Laubholz ringporig** | **Laubholz zerstreutporig**

Im makroskopischen Bild wird die Jahrringgrenze durch die als Porenring angeordneten Frühholzgefäße markiert.

Gefäße (Poren) vorhanden (halbringporige Laubhölzer stellen eine Übergangsform dar).

## *Zur Handhabung des Bestimmungsbuches*

Die farbige Abbildung zeigt einen Ausschnitt eines Holzquerschnittes (Q) annähernd in der Vergrößerung einer Lupe. Die Querschnitte weisen immer die gleiche Orientierung der Jahrringe bzw. Zuwachszonen auf: unten Richtung Markröhre, oben Richtung Rinde. Die Farbe des Querschnittes kann sich von der Färbung des Holzes auf den Längsflächen unterscheiden.

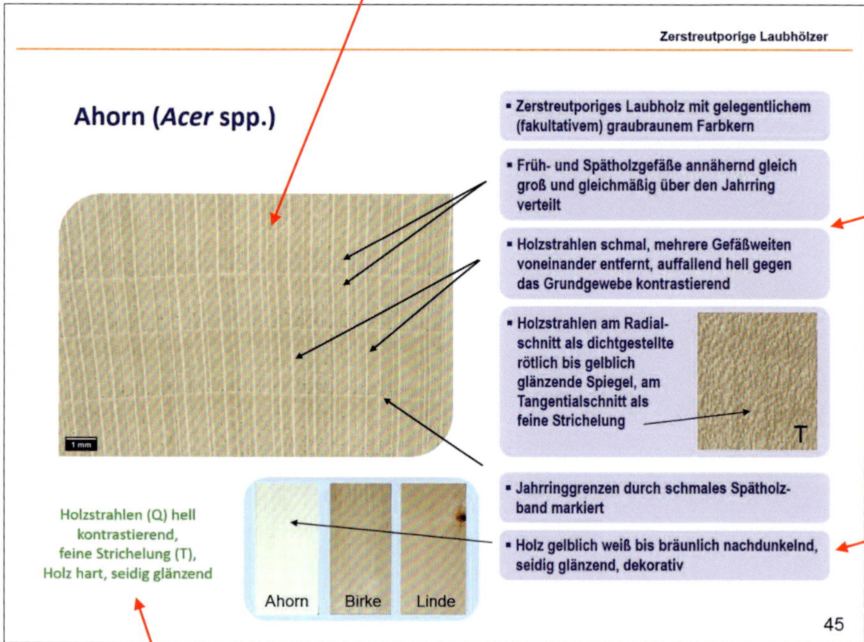


Die mit bloßem Auge oder der Lupe erkennbaren anatomischen Charakteristika der Holzart werden anhand der blau hinterlegten Felder erklärt und durch Hinweise auf Holzfarbe bzw. Geruch des Holzes ergänzt.

Auf zusätzliche Merkmale (z.B. Farbunterschiede zu ähnlichen Hölzern bzw. zwischen Splint und Kern) wird gegebenenfalls durch Darstellungen der Längsflächen (R,T) hingewiesen.

Eine Kurz-Charakterisierung der betreffenden Holzart erfolgt in grüner Schrift

# Nadelhölzer

- ► Jahrringe deutlich
- ► Die Jahrringgrenze wird durch dunkles, dichtes Spätholz markiert
- ► Holz enthält <u>keine</u> Gefäße

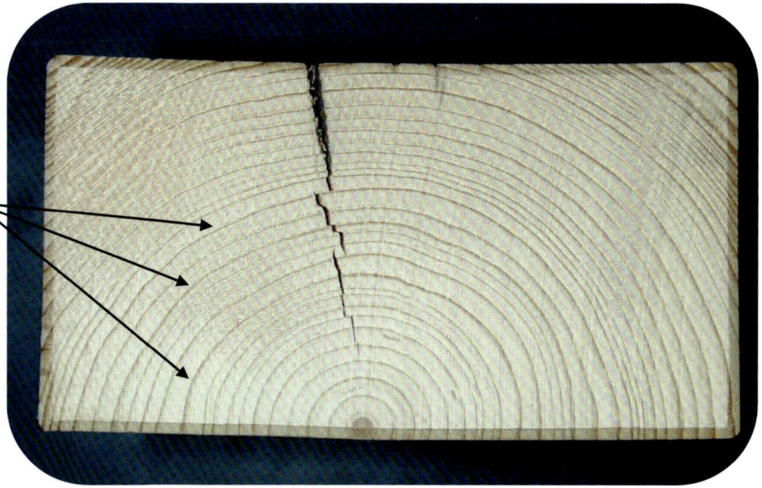

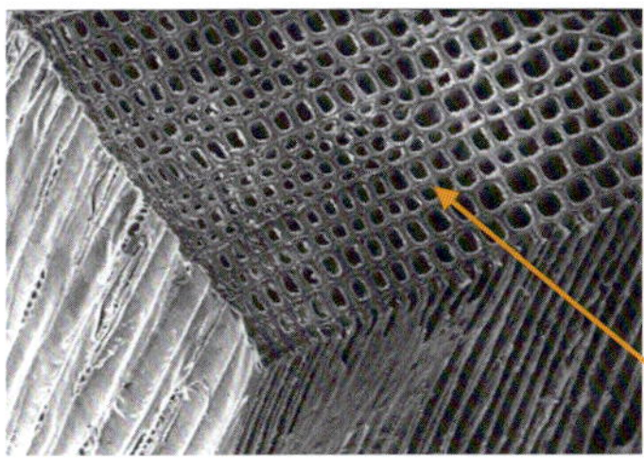

REM-Mikroaufnahme von Nadelholz. Auf dem Querschnitt ist der einfache Aufbau des Holzes gut sichtbar, das zu etwa 95% aus Tracheiden besteht.

# Weiß-Tanne (*Abies alba* Mill.)

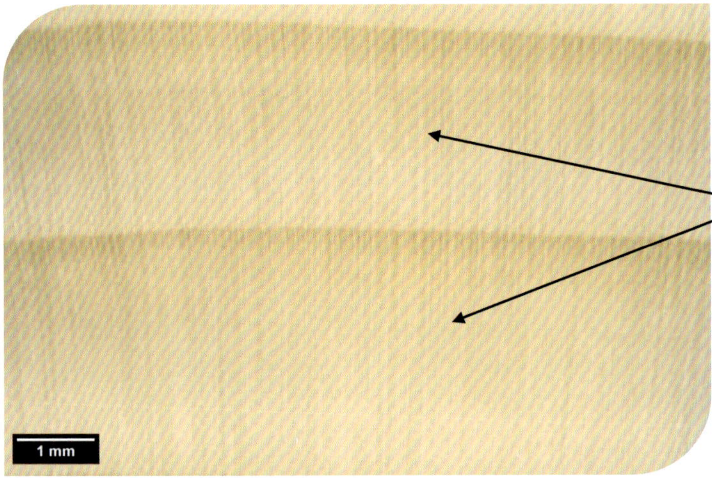


- Nadelholz ohne Farbkern
- Ohne Harzkanäle
- Übergang vom Frühholz zum Spätholz im gleichen Jahrring allmählich verlaufend
- Holz grauweiß

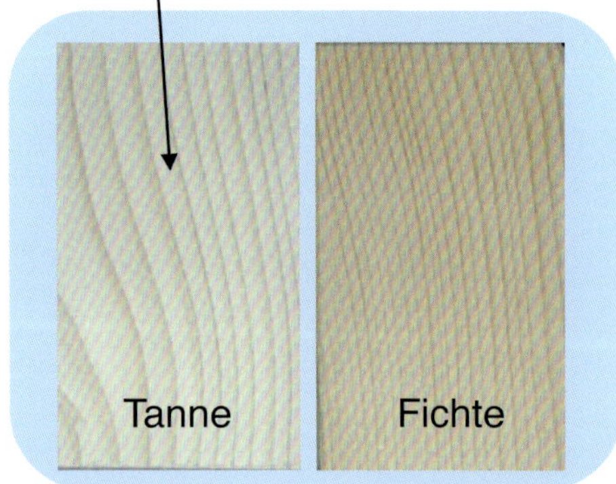


Keine Harzkanäle, kein Farbkern, Holz grauweiß

# Gewöhnliche Fichte (*Picea abies* [L.] Karst.)

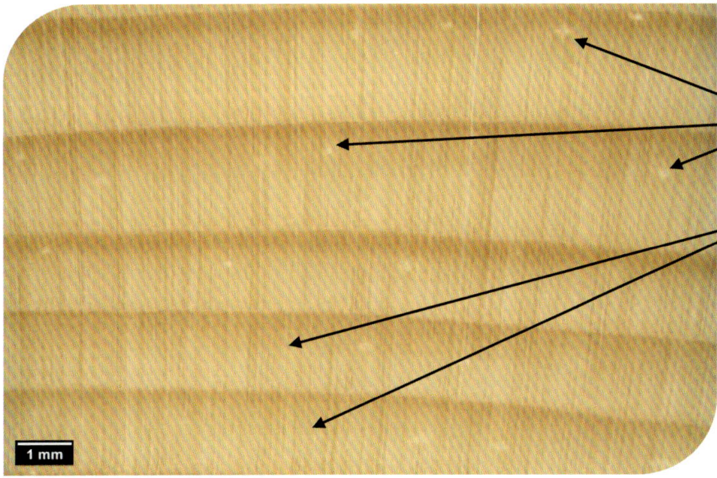


- Nadelholz ohne Farbkern
- Mit Harzkanälen
- Übergang vom Frühholz zum Spätholz im gleichen Jahrring allmählich verlaufend
- Holz gelblich weiß

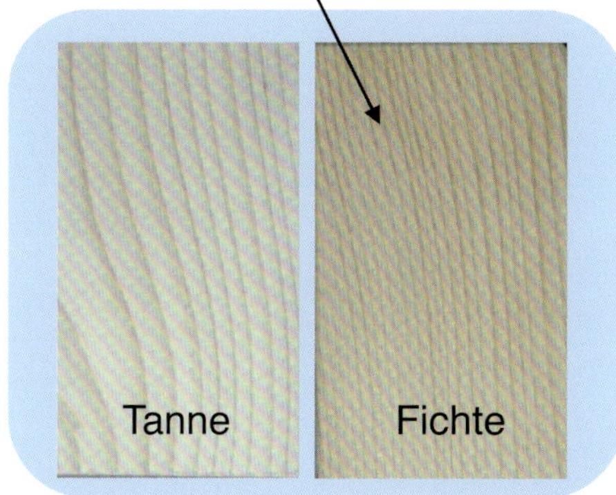


Mit Harzkanälen, kein Farbkern, Holz gelblich weiß

# Wald-Kiefer (*Pinus sylvestris* L.)

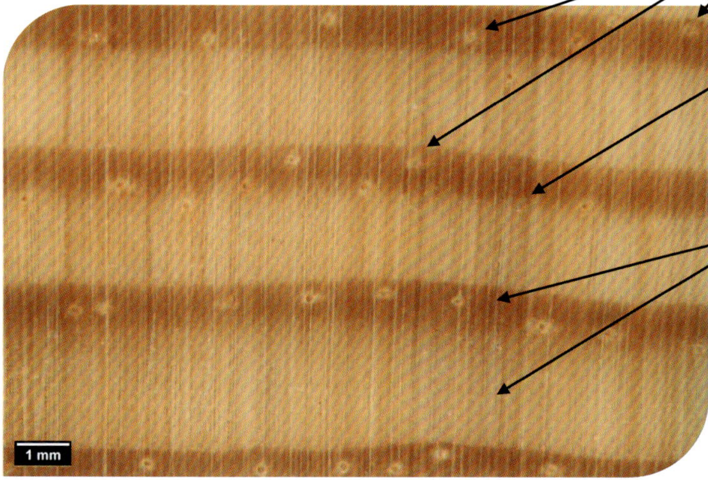


- **Nadelholz mit Farbkern**
- **Mit zahlreichen, deutlichen Harzkanälen** (teilweise mit bloßem Auge sichtbar)
- **Übergang vom Frühholz zum Spätholz im gleichen Jahrring bei angeschnittenem Querschnitt meist scharf abgegrenzt**
- **Dunkles Spätholz deutlich gegen helles Frühholz kontrastierend** (mit bloßem Auge sichtbar)
- **Charakteristischer Harzgeruch**
- **Splint breit, gelblich weiß**
  - **Kern mittel- bis dunkelbraun**

Deutlicher Früh-/Spätholz-Farbkontrast, zahlreiche Harzkanäle, mit Farbkern, Geruch

# Europäische Lärche (*Larix decidua* Mill.)

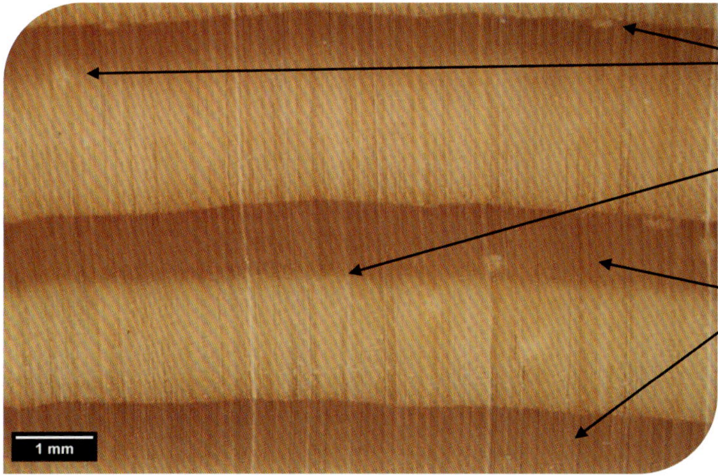


- **Nadelholz mit Farbkern**
- **Mit Harzkanälen, weniger als bei Kiefer**
- **Übergang vom Frühholz zum Spätholz im gleichen Jahrring bei angeschnittenem Querschnitt meist schroff**
- **Dunkles Spätholz kräftig gegen helles Frühholz kontrastierend** (mit bloßem Auge sichtbar)
- **Splint schmal, gelblich bis rötlich**
  - **Kern kräftig rotbraun** (nachdunkelnd)

Früh-/Spätholz-Übergang im gleichen Jahrring überwiegend schroff, mit kräftig rotbraunem Farbkern

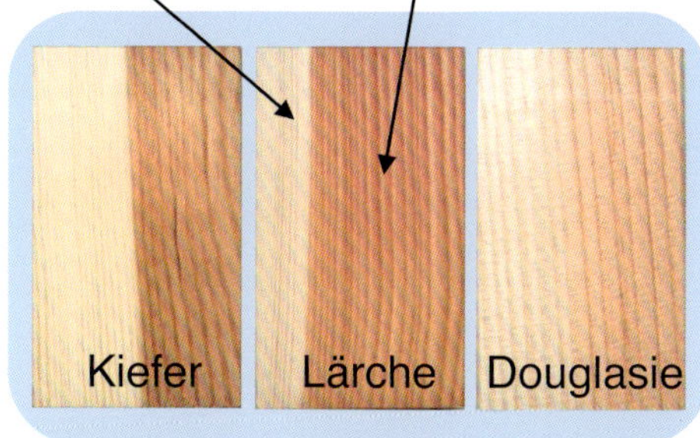

# Douglasie (*Pseudotsuga menziesii* [Mirb.] Franco)

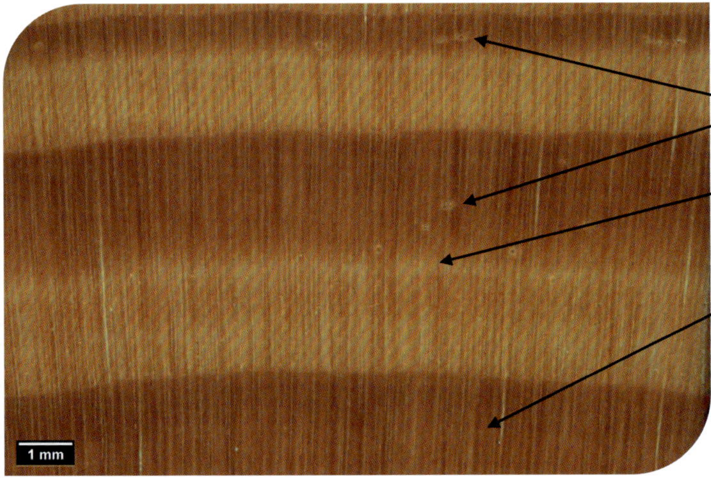


- Nadelholz mit Farbkern
- Mit Harzkanälen meist im Spätholz
- Übergang vom Frühholz zum Spätholz im gleichen Jahrring meist allmählich
- Meist breites Spätholz
- Splint gelblich
- Kern rötlich braun

Früh-/Spätholz-Übergang im gleichen Jahrring überwiegend allmählich,
meist breite Jahrringe,
mit rötlich (rosa) braunem Farbkern

# Weymouths-Kiefer, Strobe (*Pinus strobus* L.)

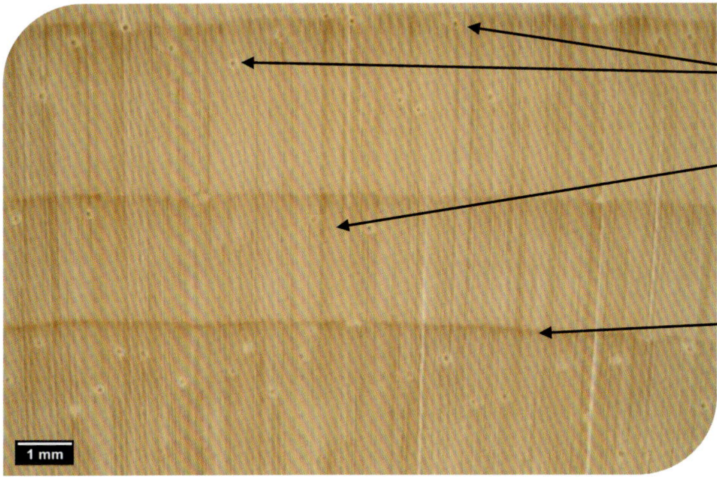


- Nadelholz mit Farbkern
- Mit zahlreichen, großen Harzkanälen
- Übergang vom Frühholz zum Spätholz im gleichen Jahrring meist allmählich
- Geringer Früh-/Spätholz-Kontrast
- Spätholz meist extrem schmal
- Splint rötlich bis gelblich weiß
  - Kern blass rötlich braun

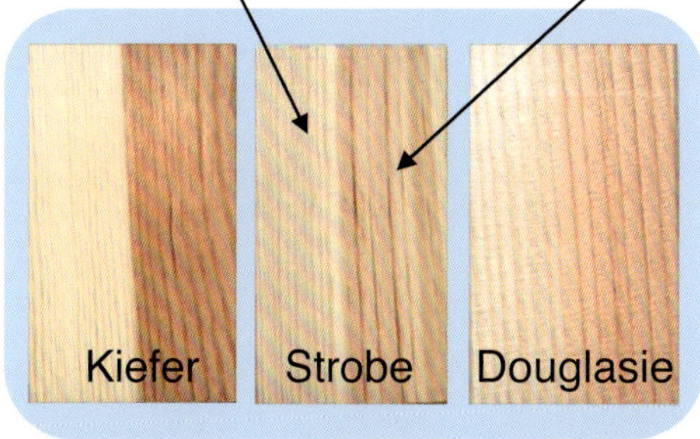


Meist sehr schmales Spätholz,
mit blassem, rötlich braunem Farbkern,
sehr leichtes Holz

# Gewöhnliche Eibe (*Taxus baccata* L.)

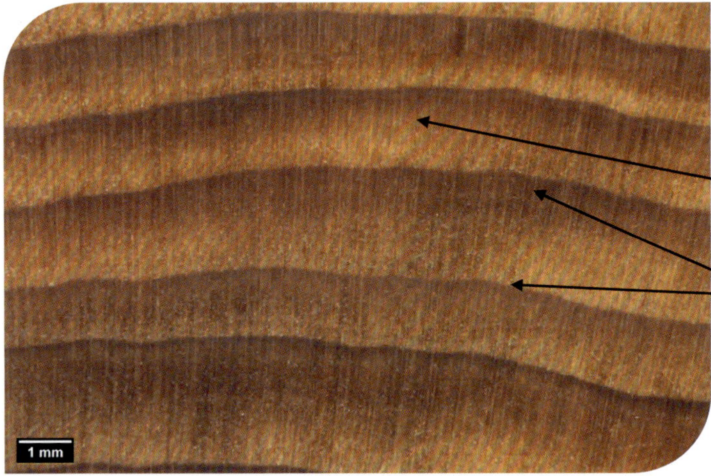


- Nadelholz mit Farbkern
- Ohne Harzkanäle
- Übergang vom Frühholz zum Spätholz im gleichen Jahrring meist allmählich
- Jahrringgrenzen deutlich, oft wellenförmig, meist engringing
- Splint gelblich und schmal
  - Kern gelbbraun bis dunkel rotbraun

Jahrringe meist schmal und wellig,
ohne Harzkanäle,
mit gelbbraunem bis dunkel rotbraunem Kern,
relativ schweres Holz

# Ringporige Laubhölzer (Ringporer)

- Im makroskopischen Bild wird die Jahrringgrenze durch die als Porenring angeordneten Frühholzgefäße markiert.

- Frühholzgefäße mehrfach größer als Spätholzgefäße

- Spätholzgefäße folgen einer charakteristischen Anordnung (Unterscheidungsmerkmal zwischen den Ringporern!, siehe Seite 26):
  - Meist als kleine Pünktchen innerhalb des Spätholzes sichtbar
  - Oft in hellerem Parenchymgewebe angeordnet

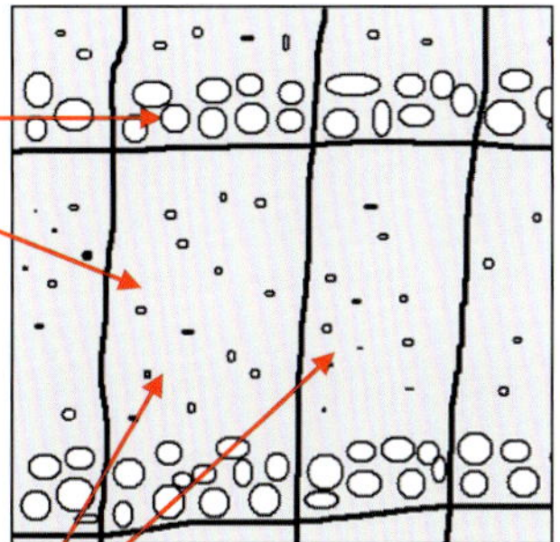

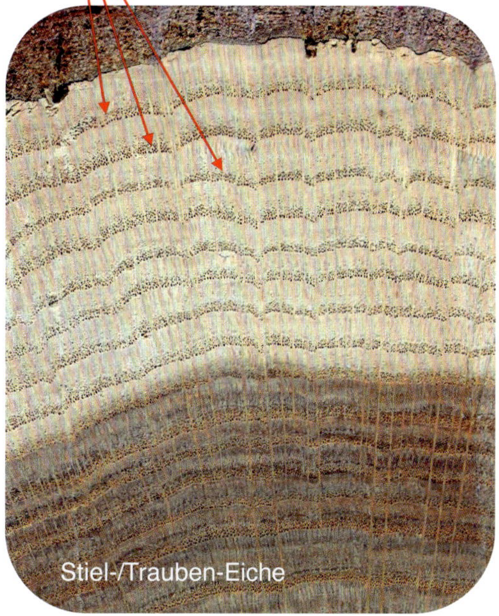

Stiel-/Trauben-Eiche

# Charakteristische Anordnung der Spätholzgefäße bei ringporigen Laubhölzern

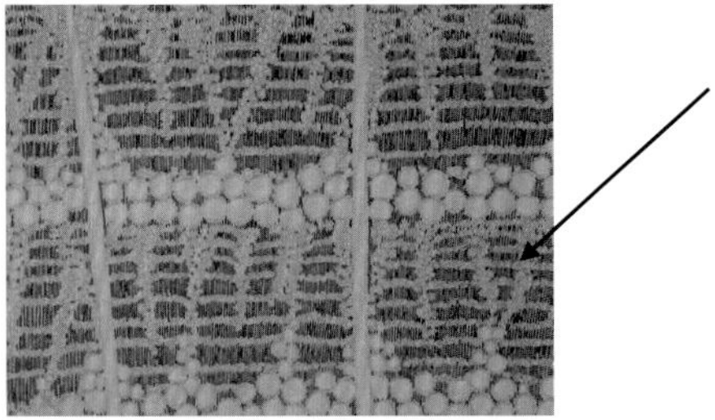

- Spätholzgefäße radial angeordnet
  - **Stiel-/Trauben-Eiche**
  - **Rot-Eiche**
  - **Edelkastanie**

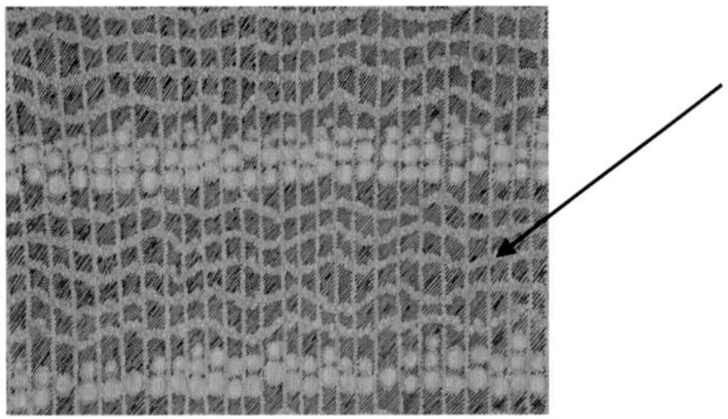

- Spätholzgefäße in parallel laufenden tangentialen Wellenlinien
  - **Ulme (Rüster)**

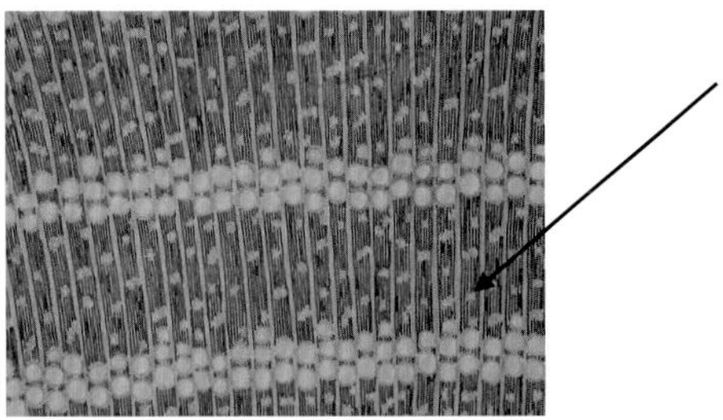

- Spätholzgefäße regellos, meist einzeln, teils in Nestern oder kurzen tangentialen Reihen angeordnet
  - **Gewöhnl. Esche**
  - **Robinie**

# Stiel-Eiche (*Quercus robur* L.), Trauben-Eiche (*Quercus petraea* [Matt.] Liebl.)

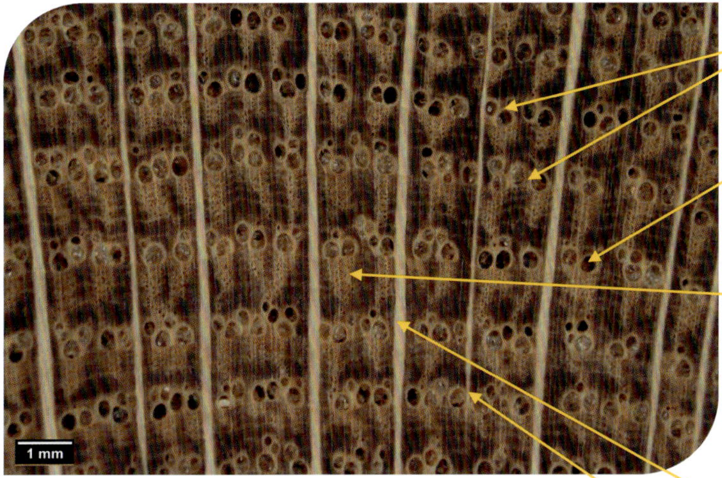


- **Ringporiges Laubholz mit Farbkern**
- **Jahrringgrenzen deutlich, durch Frühholzgefäße markiert**
- **Frühholzgefäße mehrfach größer als Spätholzgefäße**
- **Spätholzgefäße folgen einer mehr oder weniger radialen (holzstrahlparallelen) Orientierung**
  - Als kleine Pünktchen innerhalb hell erscheinender, teilweise flammenförmiger Parenchymbänder sichtbar
- **Holzstrahlen teilweise sehr breit**
  - Holzstrahlen deutlich mit bloßem Auge als breite Linien sichtbar
  - Zwischen breiten Holzstrahlen auch schmale, nur mit Lupe sichtbare HS angeordnet

Mit deutlich sichtbaren Holzstrahlen und hell- bis dunkelbraunem Kernholz, Gefäße im Kern verthyllt

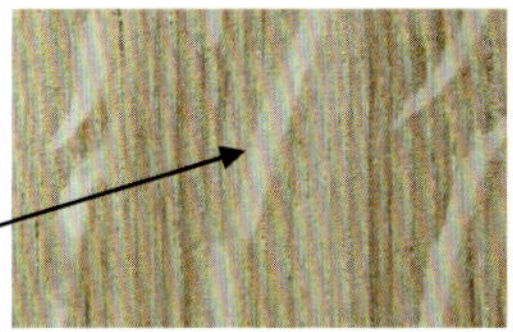

Holzstrahlen als Spiegel im Radialschnitt

# Rot-Eiche (*Quercus rubra* L.)

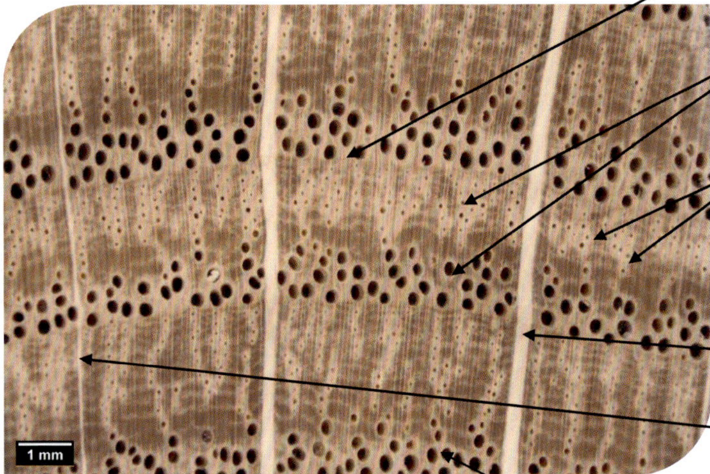


- **Ringporiges Laubholz mit Farbkern**
- **Jahrringgrenzen deutlich, durch Frühholzgefäße markiert**
- **Frühholzgefäße mehrfach größer als Spätholzgefäße**
- **Spätholzgefäße folgen einer mehr oder weniger radialen (holzstrahlparallelen) Orientierung** (ähnlich Stiel-/Trauben-Eiche)
- **Holzstrahlen sehr breit** (wie Stiel-/Trauben-Eiche)
  - Holzstrahlen deutlich mit bloßem Auge als breite Linien sichtbar
  - Zwischen breiten Holzstrahlen auch schmale, nur mit Lupe sichtbare HS angeordnet
- **Gefäße im Kernholz bei Rot-Eiche meist deutlich weniger verthyllt als bei Stiel- bzw. Trauben-Eiche**
- **Kern rosa**

Anatomisch mit dem Holz von Stiel- und Trauben-Eiche vergleichbar, aber deutlich geringere Verthyllung und rosa Färbung des Kernholzes

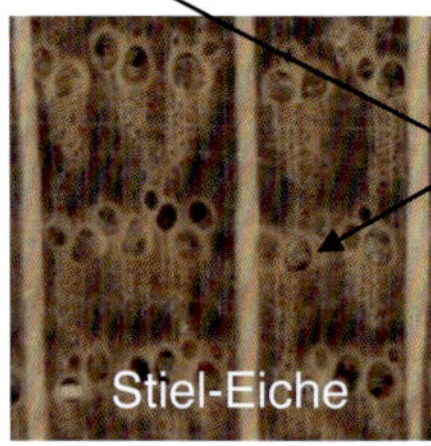

# Edelkastanie (*Castanea sativa* Mill.)

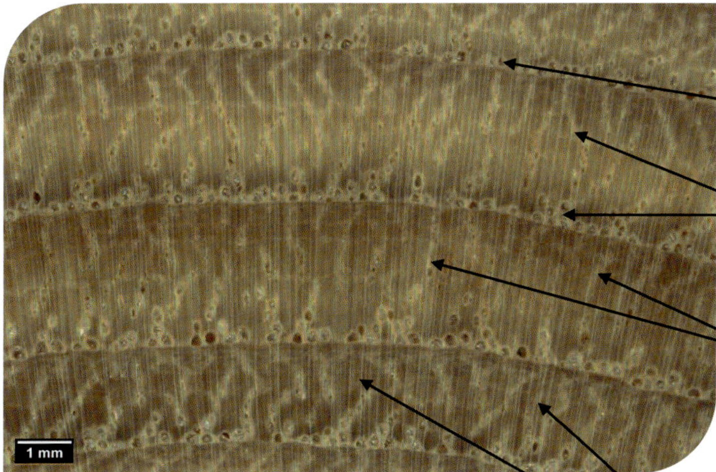


- Ringporiges Laubholz mit Farbkern
- Jahrringgrenzen deutlich, durch Frühholzgefäße markiert
- Frühholzgefäße mehrfach größer als Spätholzgefäße
- Spätholzgefäße folgen einer mehr oder weniger radialen (holzstrahlparallelen) Orientierung
  - Als kleine Pünktchen innerhalb hell erscheinender, radial orientierter Parenchymbänder sichtbar
- Holzstrahlen sehr schmal, mit bloßem Auge unsichtbar

Insgesamt der Stiel-/Trauben-Eiche ähnlich,
aber keine mit bloßem Auge sichtbaren Holzstrahlen

# Ulme, Rüster (*Ulmus* spp.)

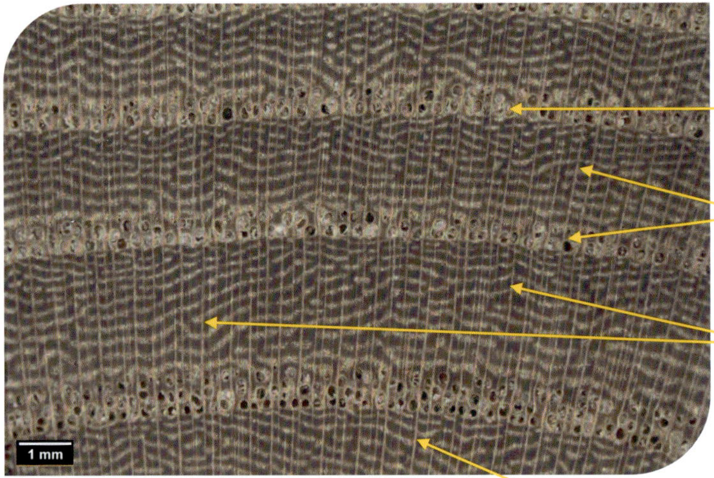


Tangentialer Verlauf von Parenchymbändern im Spätholz, brauner Kern

- **Ringporiges Laubholz mit Farbkern**
- **Jahrringgrenzen deutlich, durch Frühholzgefäße markiert**
- **Frühholzgefäße mehrfach größer als Spätholzgefäße**
- **Spätholzgefäße in tangentialen, parallelen Wellenlinien**
  - Als kleine Pünktchen innerhalb hell erscheinender, teilweise zickzackförmiger tangentialer Parenchymbänder im Spätholz sichtbar
- **Holzstrahlen mit bloßem Auge unsichtbar**

# Robinie (*Robinia pseudoacacia* L.)

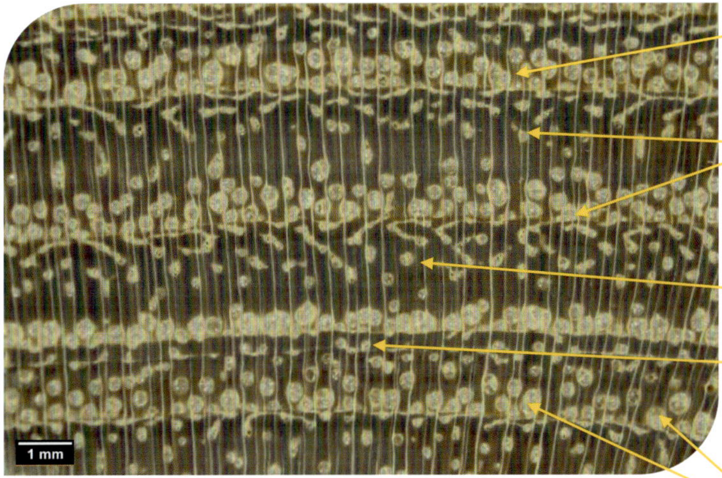


Holz insgesamt grünlich (oliv), nachgedunkelt braun, falls am Stück vorhanden, nur wenige Jahrringe breiter, heller Splint, nur der äußerste Jahrring unverthyllt

- **Ringporiges Laubholz mit Farbkern**
- **Jahrringgrenzen deutlich, durch Frühholzgefäße markiert**
- **Frühholzgefäße mehrfach größer als Spätholzgefäße**
- **Spätholzgefäße regellos, meist einzeln**
  - Als kleine Pünktchen einzeln im Spätholz sichtbar
  - Teilweise in kurzen, tangentialen Reihen oder Bändern
- **Gefäße im Kernholz vollständig und sehr dicht verthyllt**
  - Thyllen oft silbrig glänzend in den Gefäßlumina sichtbar, Gefäße erscheinen durch Thyllen vollständig verschlossen

# Gewöhnliche Esche (*Fraxinus excelsior* L.)

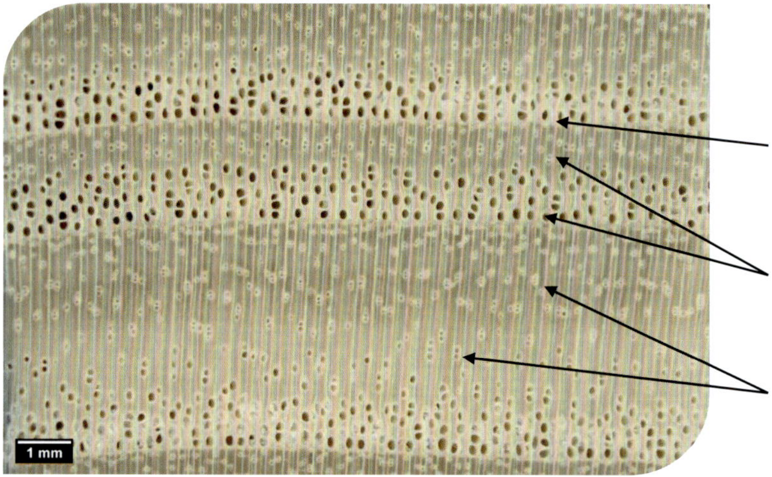


- Ringporiges Laubholz mit gelegentlichem (fakultativem) Farbkern
- Jahrringgrenzen deutlich, durch Frühholzgefäße markiert
- Frühholzgefäße mehrfach größer als Spätholzgefäße
- Spätholzgefäße regellos, meist als kleine Pünktchen paarweise und einzeln sichtbar

Spätholzgefäße regellos,
Holzfarbe meist hell,
gelegentlich mit braunem, fakultativem Kern

# **Halbringporige Laubhölzer** (Halbringporer)

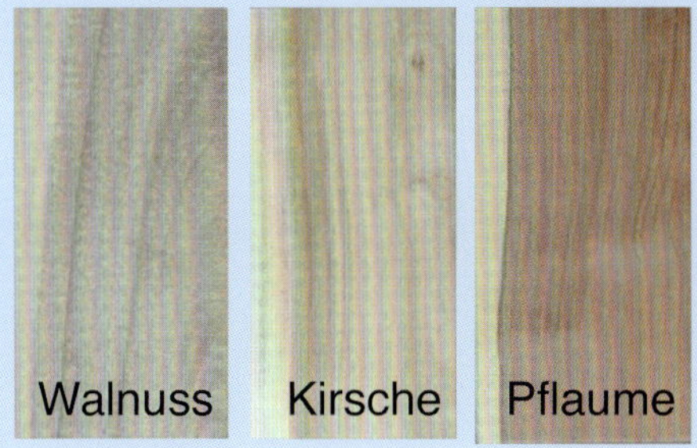


- Übergangsform zwischen Ringporern und Zerstreutporern

  (wird nicht von allen Bestimmungsschlüsseln definiert)

- Prinzipiell zwei Ausprägungen mit fließenden Übergängen (siehe Seite 34):
  - Gefäße über den Jahrring mehr oder weniger gleichmäßig verteilt, aber mit deutlichen Größenunterschieden, die jedoch nicht einem Mehrfachen entsprechen.
  - Gefäße deutlich kleiner als bei Ringporern und über den gesamten Jahrring etwa gleich groß, jedoch im Frühholz deutlich gehäuft (Porenring aus kleinen Gefäßen im Frühholz).

**Echte Walnuss, Vogel-Kirsche, Pflaume**

# Vergleich Ringporer - Zerstreutporer - Halbringporer

**Ringporer**

Spätholzgefäße deutlich kleiner als Frühholzgefäße

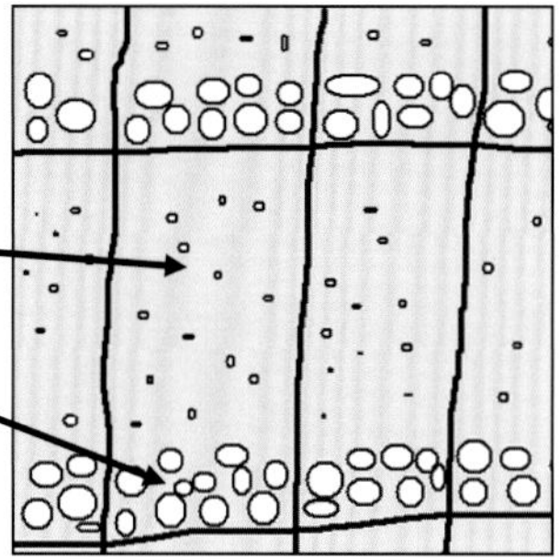

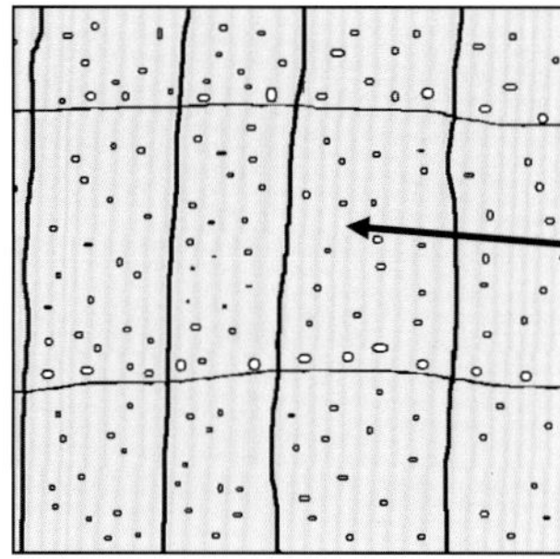

**Zerstreutporer**

Gefäße bei wenig geänderter Größe annähernd gleichmäßig über den Jahrring verteilt

**Halbringporer**

Spätholzgefäße wenig kleiner als Frühholzgefäße (allmähliche Abnahme), gleichmäßig über den Jahrring verteilt

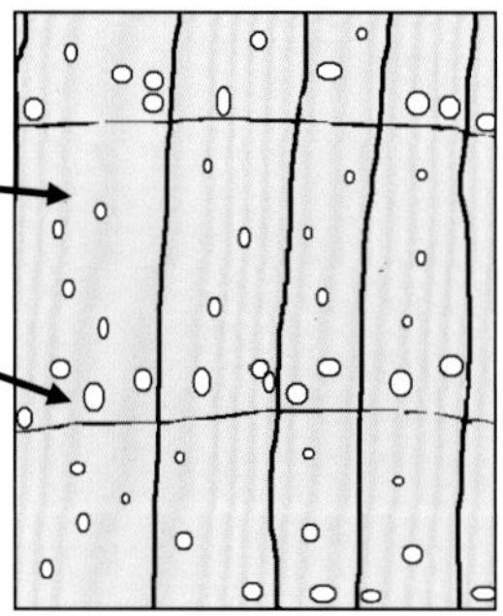

z.B. Echte Walnuss

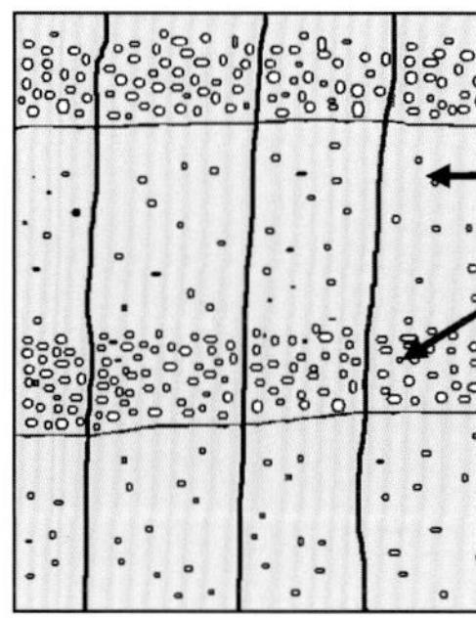

z.B. Vogel-Kirsche

**Halbringporer**

Spätholzgefäße und Frühholzgefäße gleich groß, im Frühholz deutlich dichter angeordnet (ähnlich eines Porenringes)

Zwei Ausprägungen der Halbringporer

# Echte Walnuss (*Juglans regia* L.)

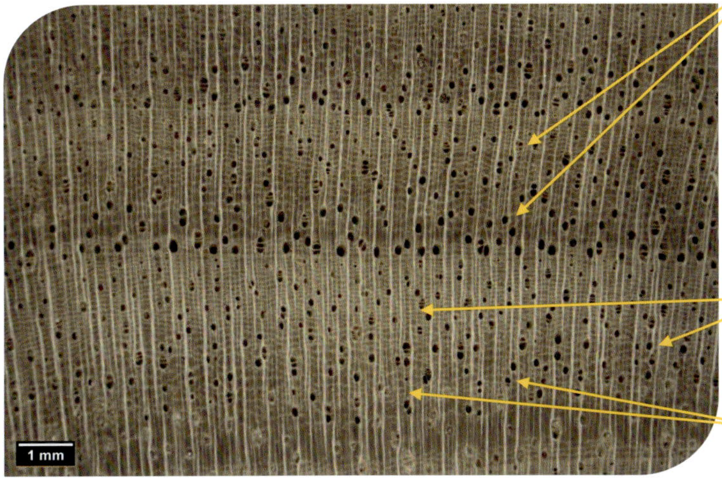


- **Halbringporiges Laubholz mit Farbkern**

- **Gefäße im Vergleich zu Zerstreutporern relativ groß**
  - Teilweise vom Frühholz zum Spätholz kleiner werdend, aber relativ gleichmäßig über den Jahrring verteilt
  - Die großen Gefäße werden an den Längsschnittflächen mit bloßem Auge als Nadelrisse sichtbar

- **Spätholzgefäße regellos, meist einzeln**
  - Als kleine Pünktchen einzeln im Spätholz sichtbar

- **Holzstrahlen im Lupenbild fein, meist unauffällig**

Mit bloßem Auge an den Längsschnitten erkennbare schwärzliche Einfärbungen und Nadelrisse

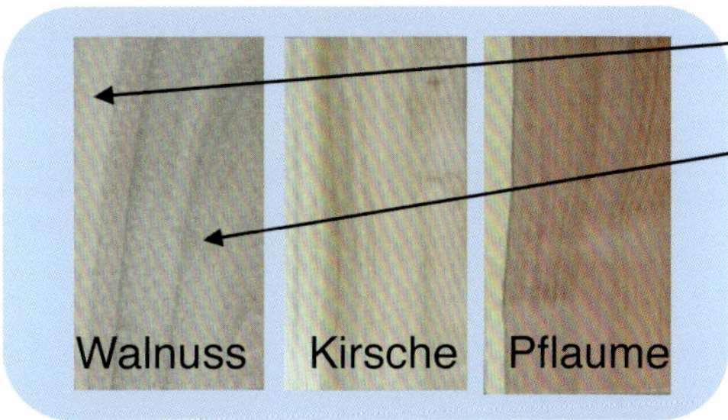


- **Splint gelblich bis rötlich grau**
- **Kern graubraun mit schwärzlichen, streifigen Einfärbungen**

# Pflaume (*Prunus domestica* L.)

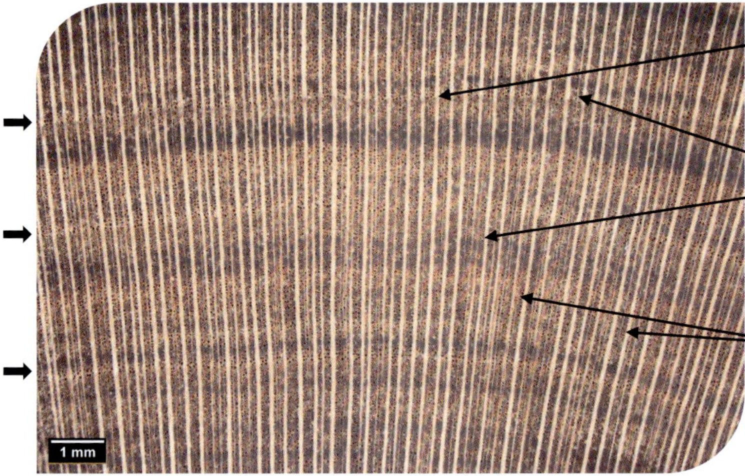


- **Halbringporiges Laubholz mit Farbkern**
- **Gefäße klein und im Frühholz gehäuft**
  - Kaum Größenunterschied zwischen Früh- und Spätholzgefäßen (➡ Jahrringgrenzen)
- **Holzstrahlen im Lupenbild deutlich, hell zum übrigen Gewebe kontrastierend**
  - Holzstrahlen auch im Radialschnitt mit bloßem Auge als kleine Spiegel sichtbar

Die Farbe ist das sicherste Unterscheidungsmerkmal zwischen Pflaume (Rottöne) und Kirsche (grünstreifig)

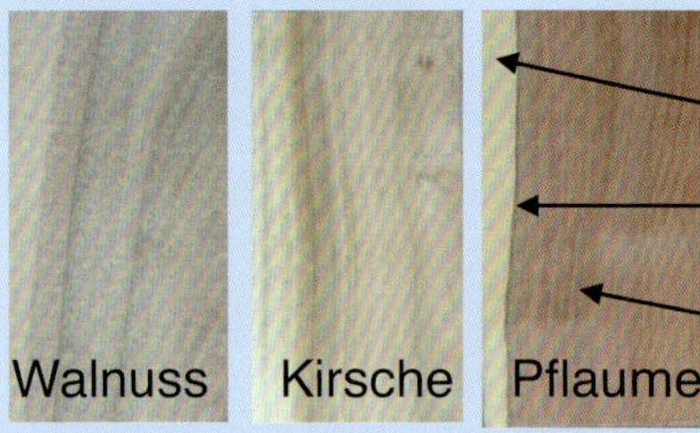


- **Holz insgesamt sehr lebhaft gefärbt**
  - Heller, gelblicher Splint
  - Sehr deutlicher Splint/Kern-Farbkontrast
  - Im Kern dunkel streifig, in der Regel immer Rottöne (purpur) enthaltend

# Vogel-Kirsche (*Prunus avium* L.)

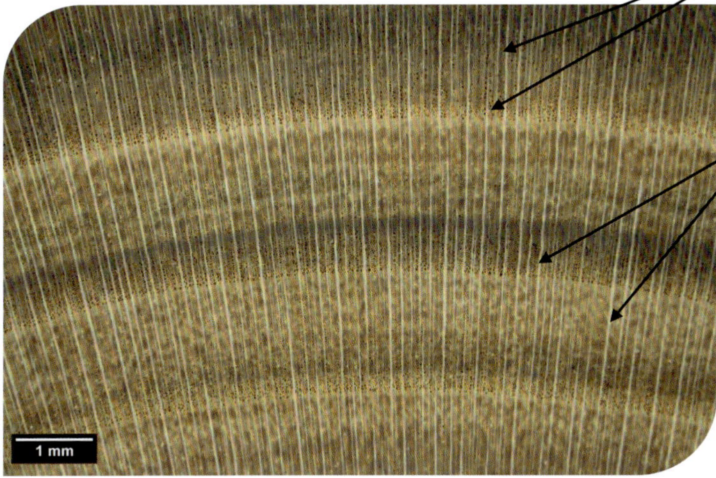


- **Halbringporiges Laubholz mit Farbkern**

- **Gefäße klein und im Frühholz gehäuft**
  - Kaum Größenunterschied zwischen Früh- und Spätholzgefäßen (➡ Jahrringgrenzen)

- **Holzstrahlen im Lupenbild deutlich, hell zum übrigen Gewebe kontrastierend**
  - Holzstrahlen auch im Radialschnitt mit bloßem Auge als kleine Spiegel sichtbar

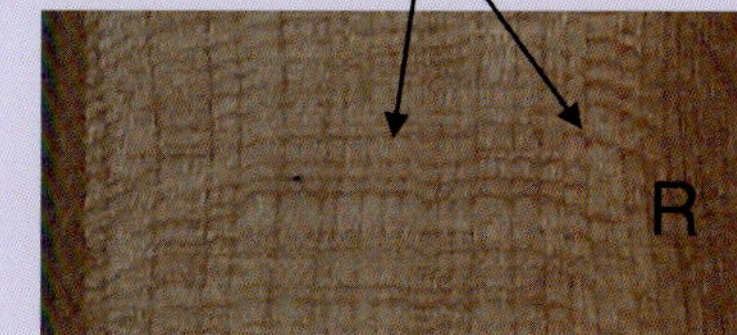


- **Holz insgesamt weniger lebhaft gefärbt**

Die Farbe ist das sicherste Unterscheidungsmerkmal zwischen Kirsche (grünstreifig) und Pflaume (Rottöne)

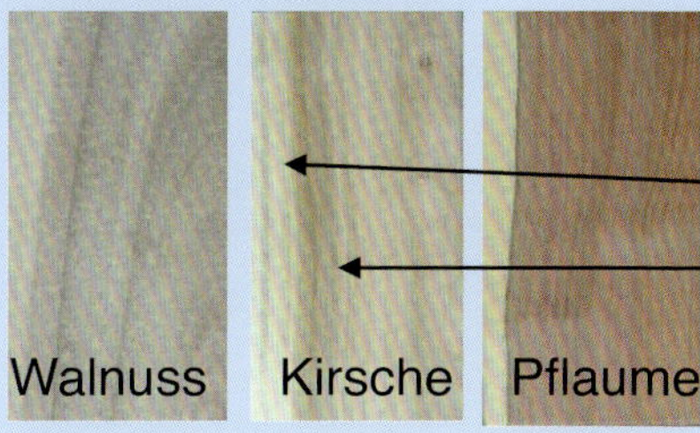


- **Weniger deutlicher Splint/Kern-Farbkontrast als bei Pflaume**
  - Splint gelblich braun verwaschen
  - Kern streifig, in der Regel kaum Rottöne enthalten, dagegen überwiegend eher grünlich braune Farbtöne

In der Praxis können sich bei oberflächlicher Betrachtung der Querschnitte bzw. Längsflächen Verwechslungen bei der Bestimmung der einheimischen halbringporigen Laubhölzer mit Hölzern anderer Holzartengruppen ergeben:

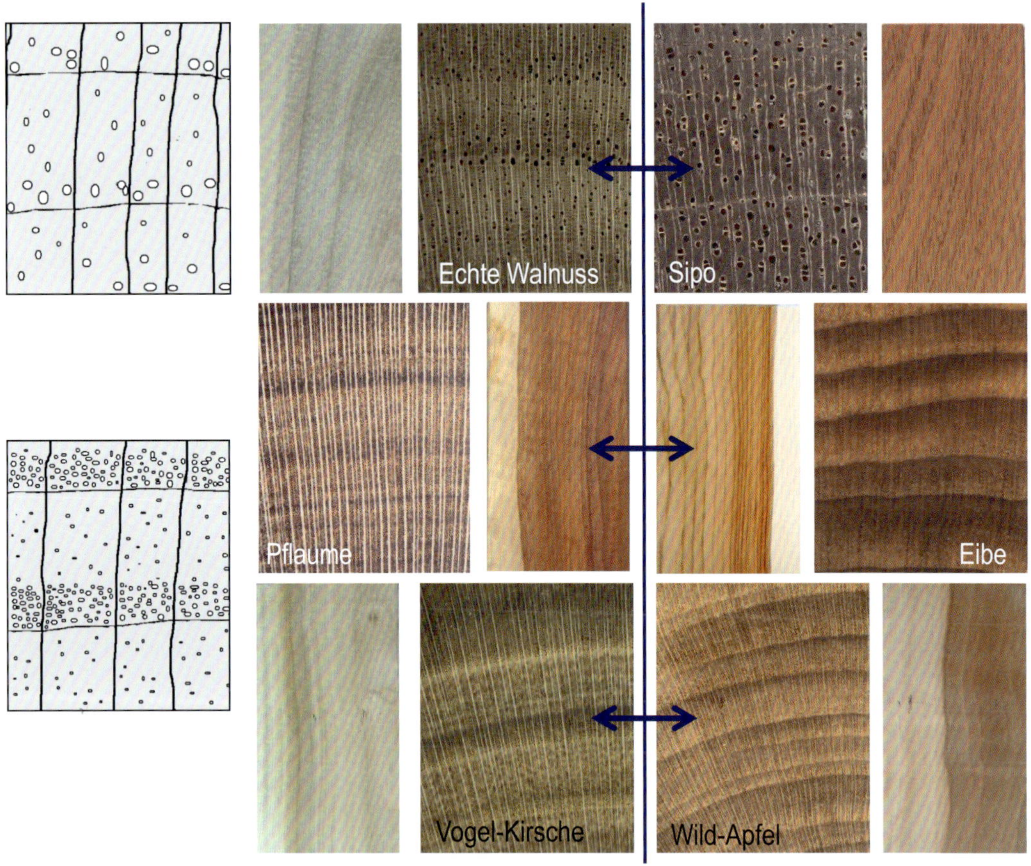

# Zerstreutporige Laubhölzer (Zerstreutporer)

- Im makroskopischen Bild sind die Jahrringgrenzen meist nur schwach markiert
- Frühholz- und Spätholzgefäße weisen kaum unterschiedliche Größen auf
- Holzaufbau ist im Vergleich zu den ringporigen und halbringporigen Laubhölzern sehr homogen

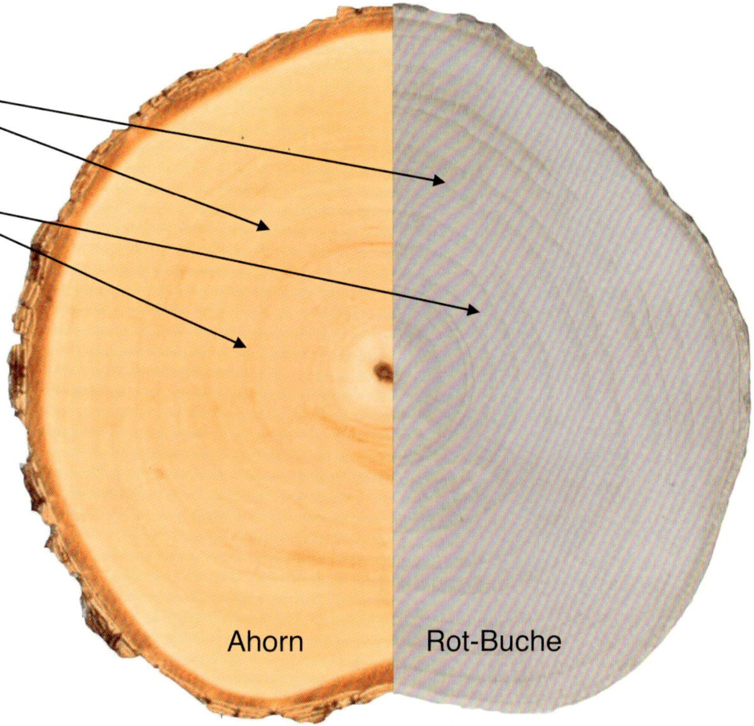

# Vergleich Ringporer - Zerstreutporer - Halbringporer

**Ringporer**

Spätholzgefäße deutlich kleiner als Frühholzgefäße

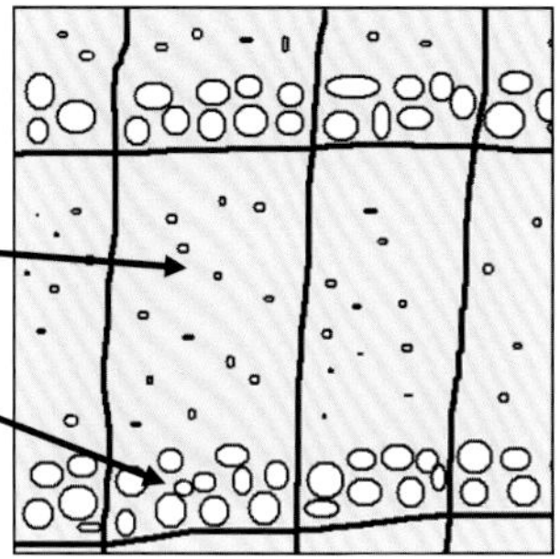

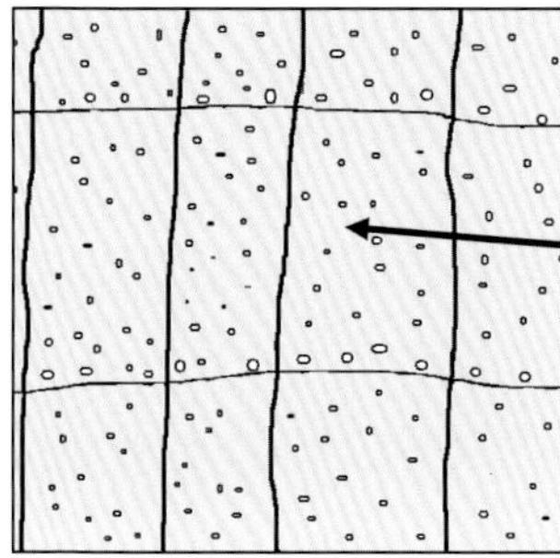

**Zerstreutporer**

Gefäße bei wenig geänderter Größe annähernd gleichmäßig über den Jahrring verteilt

**Halbringporer**

Spätholzgefäße deutlich kleiner als Frühholzgefäße (allmähliche Abnahme), gleichmäßig über den Jahrring verteilt

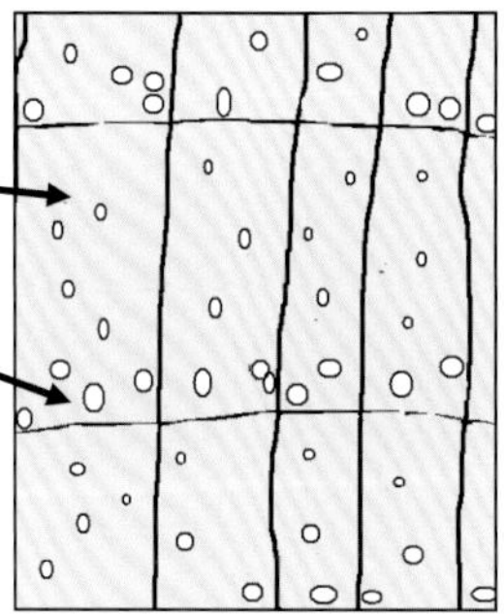

z.B. Echte Walnuss

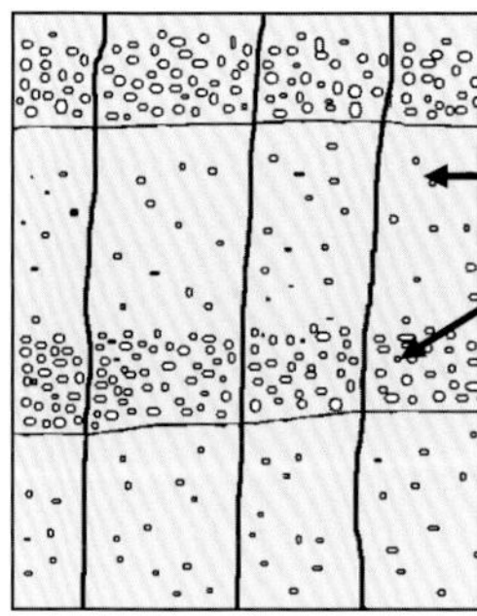

z.B. Vogel-Kirsche

**Halbringporer**

Spätholzgefäße und Frühholzgefäße gleich groß, im Frühholz deutlich dichter angeordnet (ähnlich eines Porenringes)

Zwei Ausprägungen der Halbringporer

# Rot-Buche (*Fagus sylvatica* L.)

- **Zerstreutporiges Laubholz mit gelegentlichem (fakultativem) rötlichem bis grauem Farbkern**

- **Früh- und Spätholzgefäße annähernd gleich groß und gleichmäßig über den Jahrring verteilt**

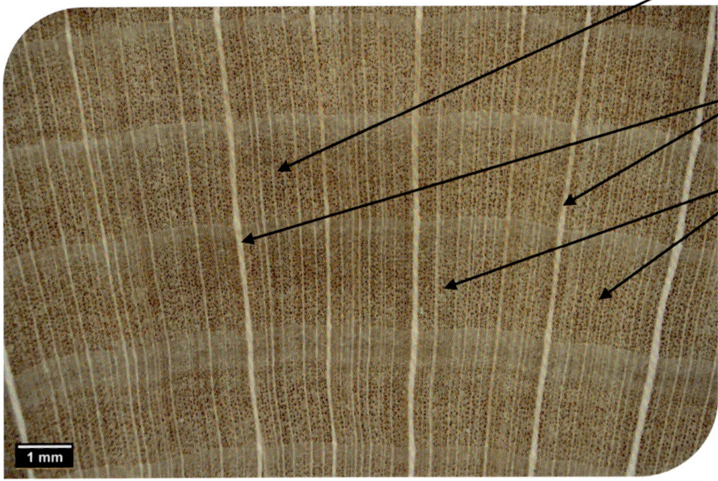


- **Holzstrahlen (HS) breit, deutlich mit bloßem Auge sichtbar**
  - Neben breiten Holzstrahlen auch **viele schmale** (nur mit Lupe sichtbar)

- **Breite HS, am Radialschnitt als dunkle Spiegel, am Tangentialschnitt als schlanke, dunkle Spindeln deutlich mit bloßem Auge sichtbar**

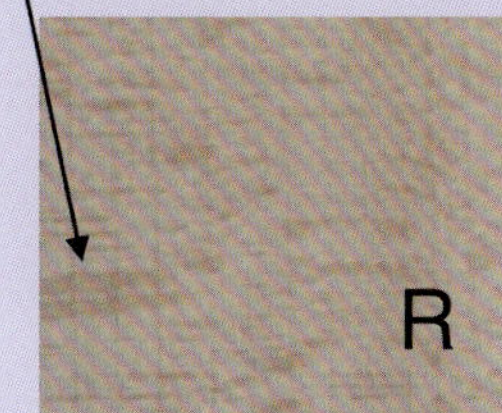


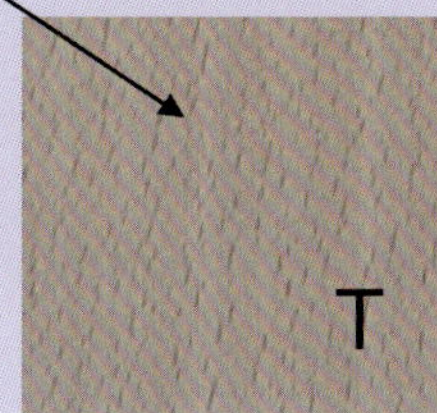


Charakteristische, mit bloßem Auge deutlich sichtbare Spindeln (T) und Spiegel (R), Holz hart und rötlich

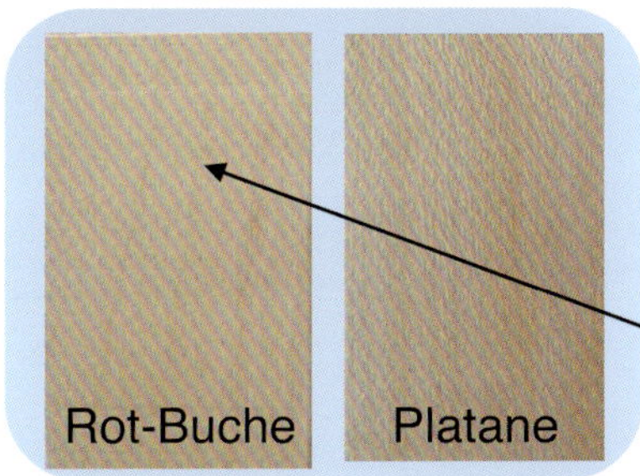


- **Holz hell rötlich braun**

# Platane (*Platanus acerifolia* Wild.)

- **Zerstreutporiges Laubholz mit Farbkern**

- **Früh- und Spätholzgefäße annähernd gleich groß und gleichmäßig über den Jahrring verteilt**

- **Holzstrahlen breit, dicht gestellt, deutlich mit bloßem Auge sichtbar**
- **Neben breiten Holzstrahlen nur <u>einzelne</u> schmale** (nur mit Lupe sichtbar!)

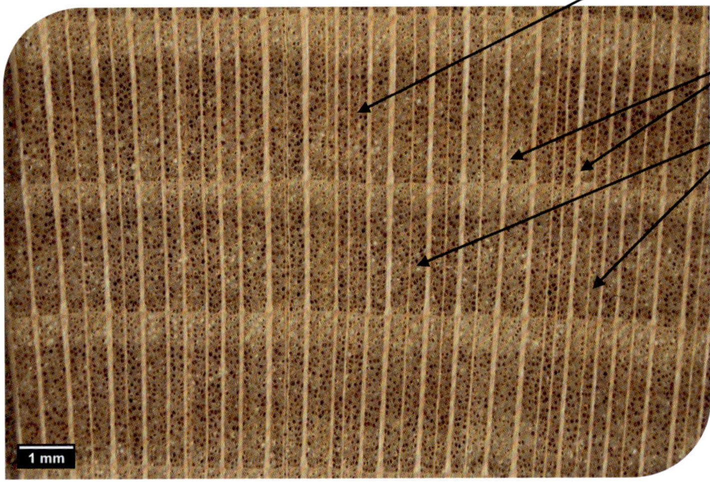


- **Breite Holzstrahlen, am Radialschnitt als <u>dichtgestellte Spiegel</u> „schuppenartig“ angeordnet, am Tangentialschnitt als <u>gedrungene Spindeln</u> deutlich mit bloßem Auge sichtbar**

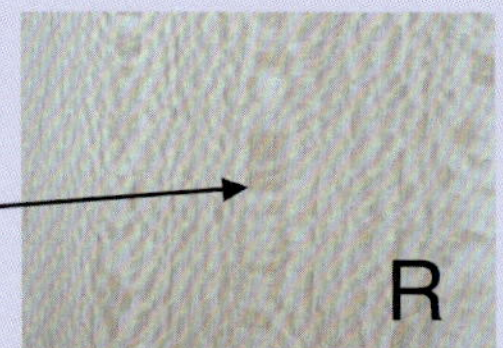


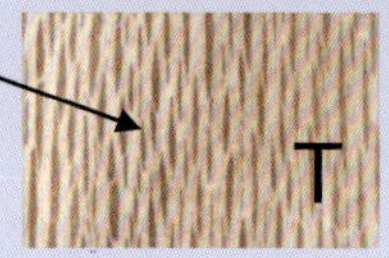


- **Splint rötlich weiß bis gelblich**
- **Farbkern blass braun bis rotbraun**

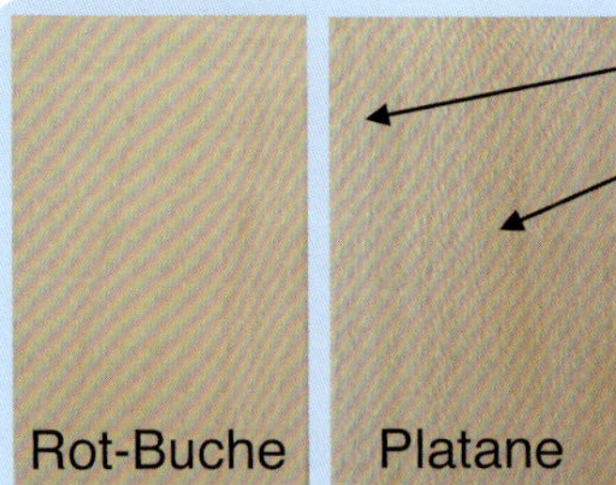


Schuppenartige, dichtgestellte Spiegel (R) bestimmen das Texturbild, Holz hart

# Schwarz-Erle (*Alnus glutinosa* [L.] Gaertn.)

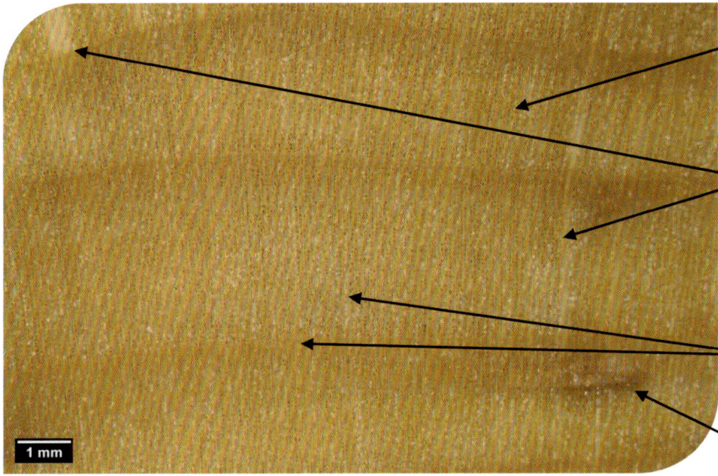


Mit rötlichen Scheinholzstrahlen
und Zellgängen,
Holz rötlich braun

- Zerstreutporiges Laubholz ohne Farbkern

- Früh- und Spätholzgefäße annähernd gleich groß und gleichmäßig über den Jahrring verteilt

- Scheinholzstrahlen mit bloßem Auge als unregelmäßig angeordnete, rötlich braune Linien sichtbar

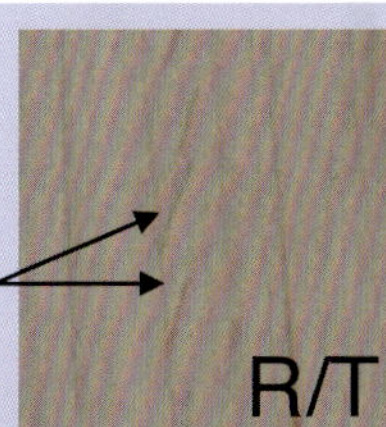


- Neben breiten Scheinholzstrahlen viele sehr feine echte Holzstrahlen (Lupe!)

- Zellgänge (Markflecken) häufig

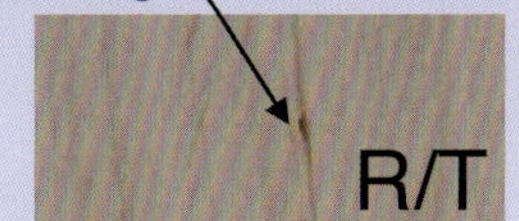


- Holz rötlich braun

# Hainbuche (*Carpinus betulus* L.)

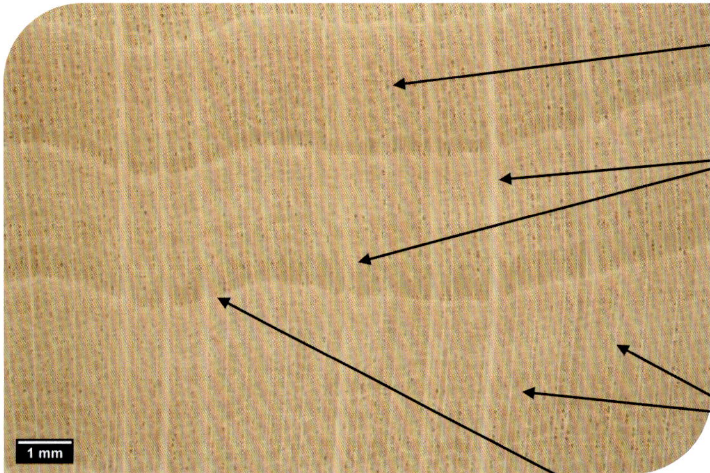


Mit Scheinholzstrahlen,
Jahrringverlauf wellig,
Holz grauweiß,
sehr hart und schwer

- **Zerstreutporiges Laubholz ohne Farbkern**

- **Früh- und Spätholzgefäße annähernd gleich groß und gleichmäßig über den Jahrring verteilt**

- **Scheinholzstrahlen mit bloßem Auge in unregelmäßigem Abstand erkennbar, auf Längsschnitten als unregelmäßige gelblich braune, oft mehrere cm lange Linien (T) oder Bänder sichtbar**

- **Neben breiten Scheinholzstrahlen viele sehr feine echte Holzstrahlen** (Lupe!)

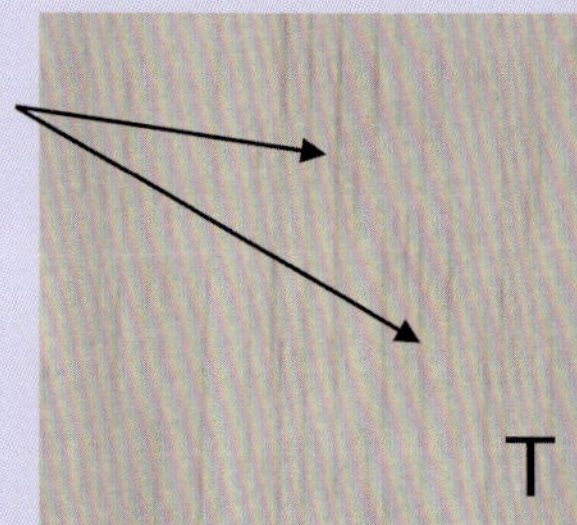


- **Welliger Jahrringverlauf**

- **Holz grauweiß**

# Ahorn (*Acer* spp.)

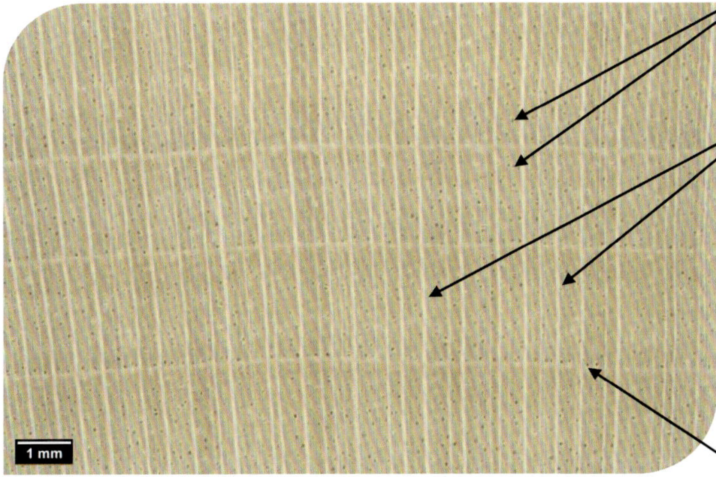


- Zerstreutporiges Laubholz mit gelegentlichem (fakultativem) graubraunem Farbkern
- Früh- und Spätholzgefäße annähernd gleich groß und gleichmäßig über den Jahrring verteilt
- Holzstrahlen schmal, mehrere Gefäßweiten voneinander entfernt, auffallend hell gegen das Grundgewebe kontrastierend
- Holzstrahlen am Radialschnitt als dichtgestellte rötlich bis gelblich glänzende Spiegel, am Tangentialschnitt als feine Strichelung

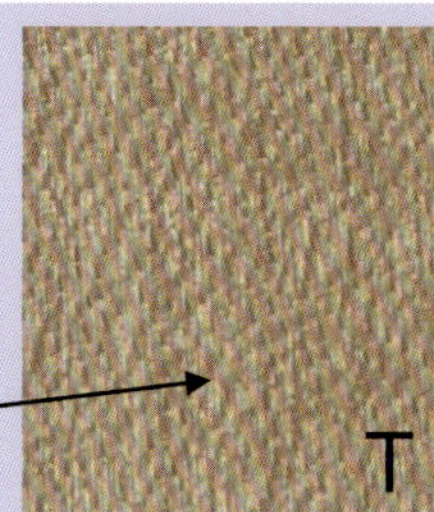


- Jahrringgrenzen durch schmales Spätholzband markiert
- Holz gelblich weiß bis bräunlich nachdunkelnd, seidig glänzend, dekorativ

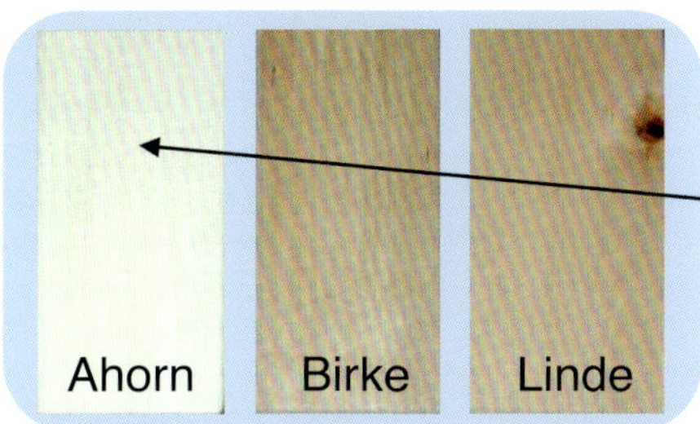


Holzstrahlen (Q) hell kontrastierend, feine Strichelung (T), Holz hart, seidig glänzend

# Birke (*Betula* spp.)

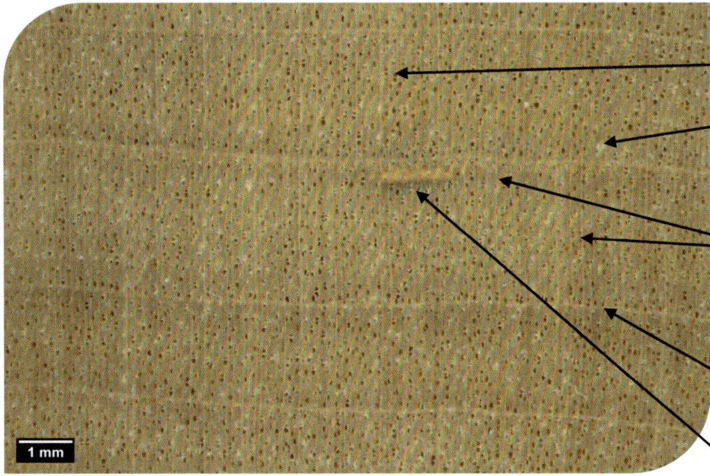


- **Zerstreutporiges Laubholz mit gelegentlichem (fakultativem) Farbkern**
- **Früh- und Spätholzgefäße annähernd gleich groß und gleichmäßig über den Jahrring verteilt**
  - Gefäße teilweise in radialen Reihen (2 - 3)
  - Einige Gefäße erscheinen weiß (wie mit Mehl bestäubt)
- **Holzstrahlen schmal, mehrere Gefäßweiten voneinander entfernt, örtlich leicht welliger Verlauf, wenig gegen das Grundgewebe kontrastierend**
- **Jahrringgrenzen undeutlich**
- **Rötlich braune Zellgänge häufig**
- **Holz gelblich grau bis hell bräunlich**

Zellgänge häufig,
Holzstrahlen (Q) örtlich
leicht wellig,
Gefäße in kurzen radialen
Reihen, wie mehlbestäubt,
vereinzelt fakultativer Kern

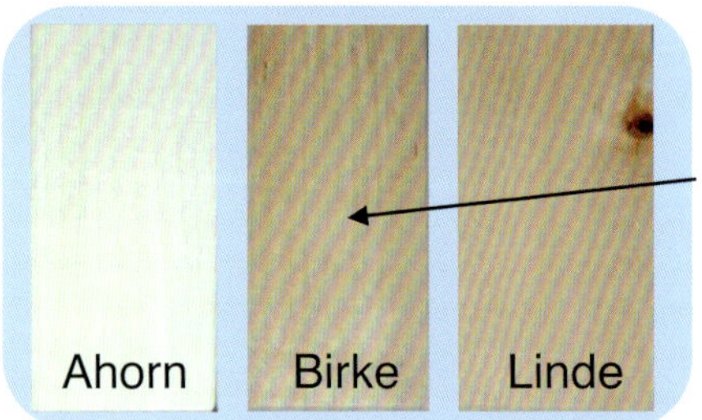


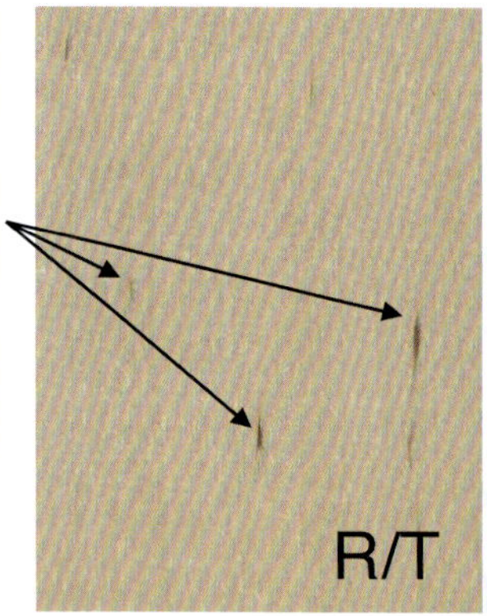

# Linde (*Tilia* spp.)

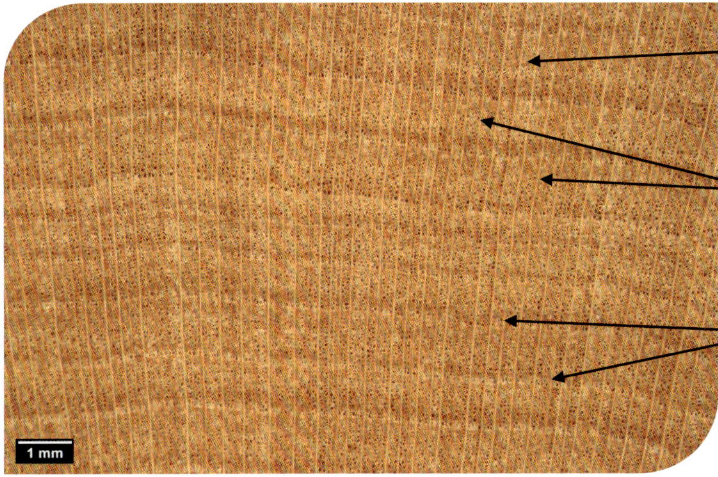


- **Zerstreutporiges Laubholz ohne Farbkern**
- **Früh- und Spätholzgefäße annähernd gleich groß und gleichmäßig über den Jahrring verteilt**
- **Holzstrahlen schmal, mehrere Gefäßweiten voneinander entfernt, vorwiegend gerader Verlauf, wenig kontrastierend**
- **Jahrringgrenzen undeutlich**
- **Holz gelblich bis rötlich weiß**

Holzstrahlen (Q) überwiegend gerade,
Holz weich

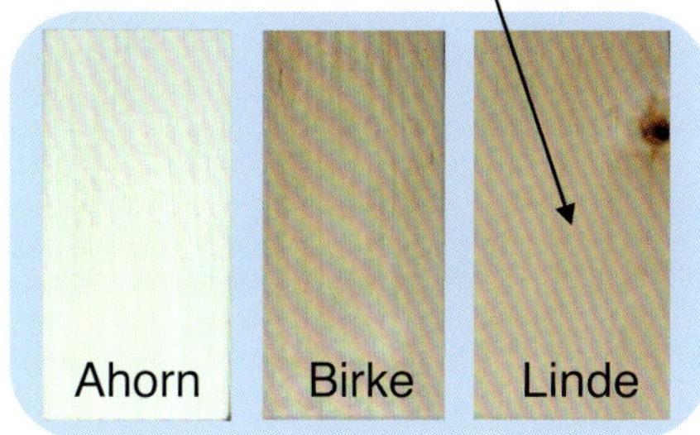

# Wild-Birne (*Pyrus pyraster* Burgsd.)

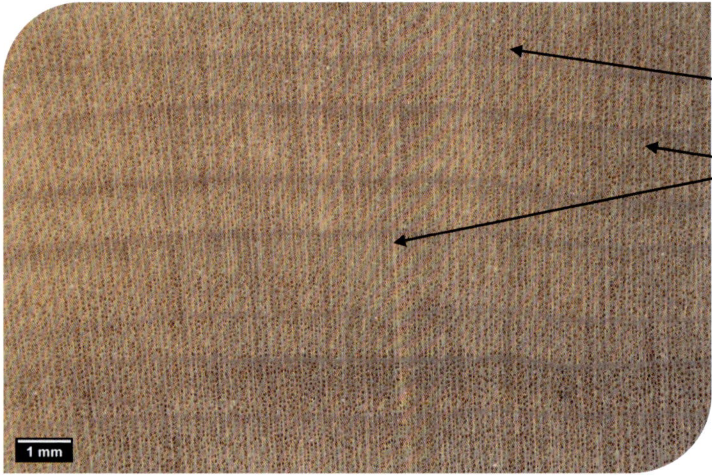


- Zerstreutporiges Laubholz ohne Farbkern
- Gefäße sehr fein
- Holzstrahlen schmal, wenig kontrastierend, nur 1 - 2 Gefäßweiten voneinander entfernt
- Holz hellbraun bis rötlich braun
- Splint und Kern ohne Farbunterschied

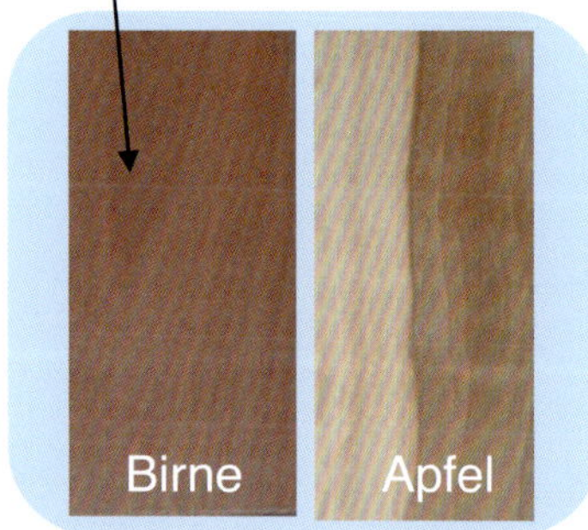


Holzstrahlen nur 1 bis 2 Gefäßweiten entfernt,
kein abweichender Farbkern,
Holz hart und im Vergleich zum Apfel glatt

# Wild-Apfel (*Malus sylvestris* [L.] Mill.)

- Zerstreutporiges Laubholz mit Farbkern
- Gefäße sehr fein
- Holzstrahlen schmal, wenig kontrastierend, nur 1 - 2 Gefäßweiten voneinander entfernt
- Splint rötlich weiß
  - Kern hellbraun bis rotbraun, oft „wasserstreifig"

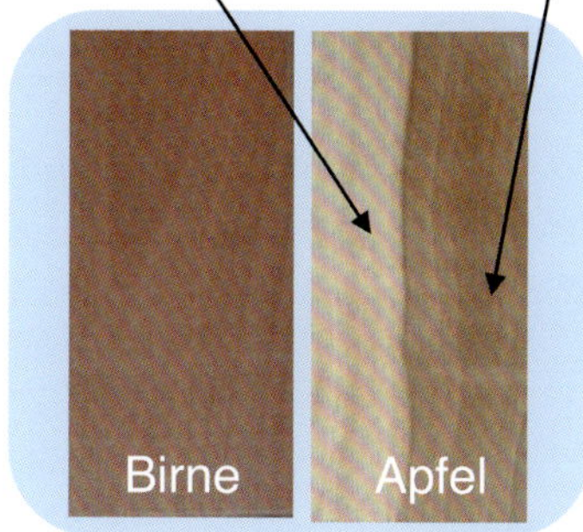


Holzstrahlen nur 1 bis 2 Gefäßweiten entfernt,
mit Farbkern, wasserstreifig,
Holz hart und im Vergleich zur Birne rau

# Aspe, Zitter-Pappel (*Populus tremula* L.)

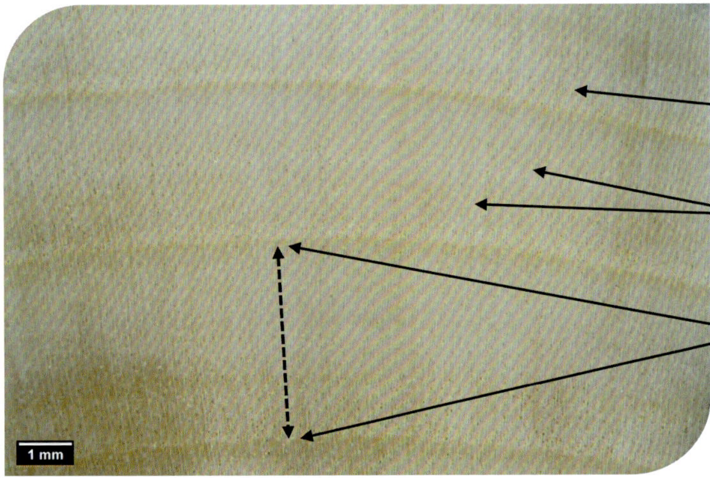


- Zerstreutporiges Laubholz ohne Farbkern
- Gefäße fein, sehr zahlreich
- Holzstrahlen sehr schmal, nur 1 - 2 Gefäßweiten voneinander entfernt
- Holz leicht und schlicht, oft breite Jahrringe
- Holz schmutzig weiß bis gelblich weiß

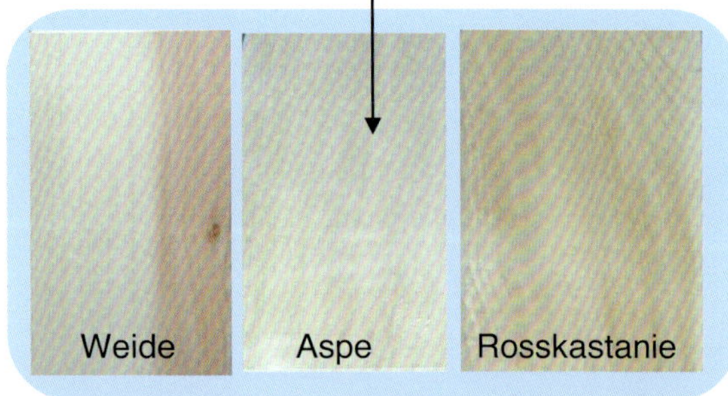


Holz leicht, kein Farbkern im Gegensatz zu anderen Pappelarten und zur Weide, Zellgänge möglich

# Weide (*Salix* spp.)

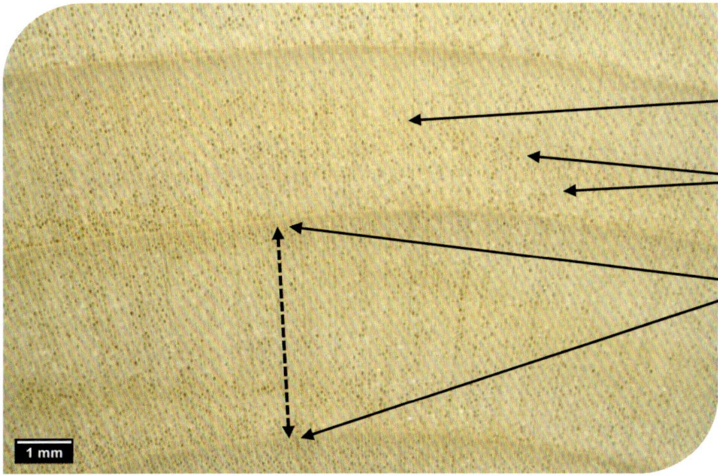


- Zerstreutporiges Laubholz mit Farbkern
- Gefäße fein
- Holzstrahlen sehr schmal, nur 1 - 2 Gefäßweiten voneinander entfernt
- Holz weich und leicht, oft breite Jahrringe
- Splint weißlich
  - Kern hellbraun bis hellrot

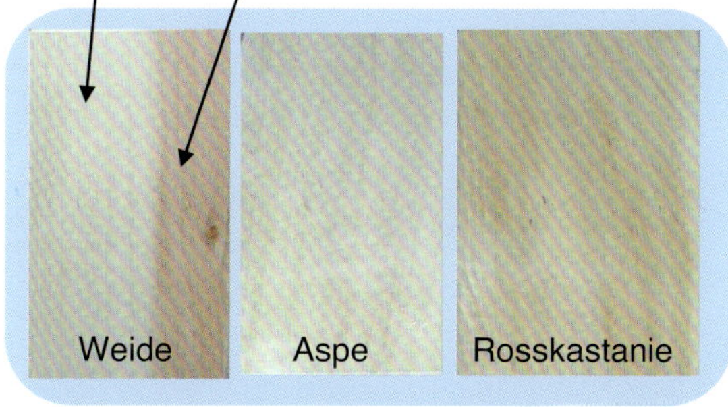


Holz weich und leicht,
mit Farbkern

# Rosskastanie (*Aesculus hippocastanum* L.)

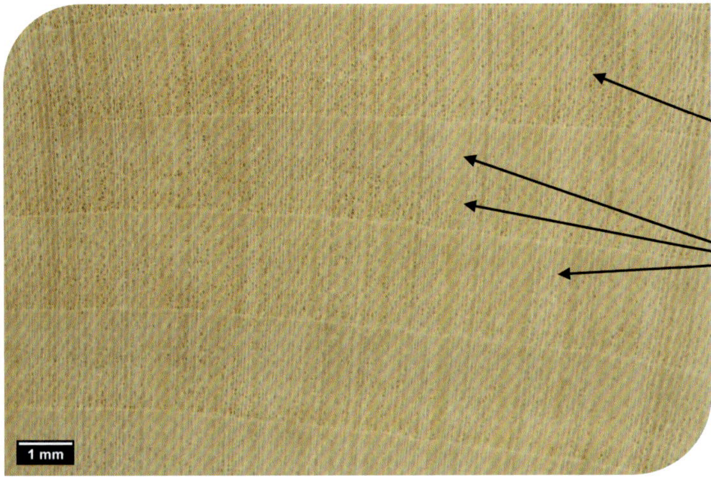


- **Zerstreutporiges Laubholz ohne Farbkern**
- **Gefäße deutlich feiner als bei Pappel und Weide**
- **Holzstrahlen extrem schmal**
- **Holz hellgelb, oft mit Farbeinläufen**

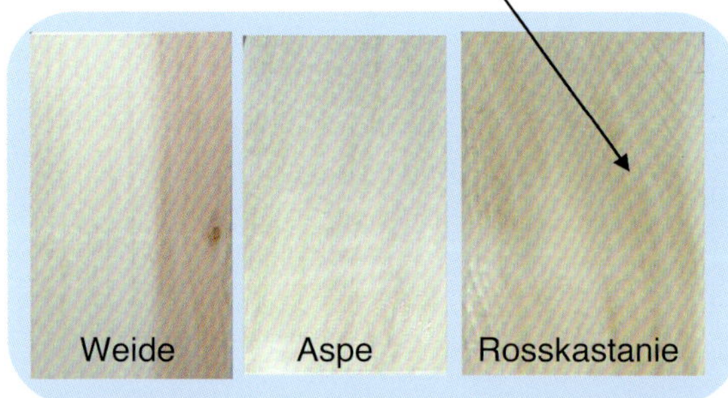


Holz leicht,
von extrem feiner Struktur,
mit gelblichen Farbeinläufen,
Geruch

# Bestimmungsschlüssel

**Zuordnung zur Gruppe der Holzarten bei Betrachtung des Querschnitts**

**Jahrringe i.d.R. deutlich**

Jahrringe durch dunkles Spätholz markiert, enthält keine Gefäße:

**Nadelhölzer** → 1

Enthält Gefäße, Jahrringe durch sehr große, einen Porenring bildende Frühholzgefäße markiert, Gefäße im Frühholz mehrfach größer als im Spätholz:

**Ringporige Laubhölzer** → 2

**Jahrringe i.d.R. undeutlich**

Enthält Gefäße, Gefäße meist klein, ***kein*** Größenunterschied zwischen FH- und SH-Gefäßen, der einem Mehrfachen entspricht:

**Zerstreut-** oder

**Halbringporige Laubhölzer** → 3

z. B. Wald-Kiefer

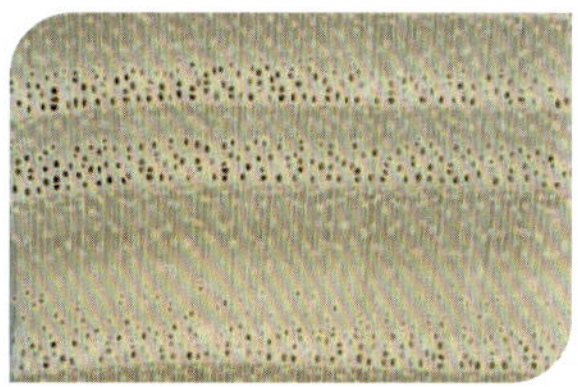

z. B. Gew. Esche

z. B. Birke

## 1 Nadelhölzer

*Jahrringe durch dunkles Spätholz markiert, Holz enthält keine Gefäße*

**Enthält Harzkanäle**

- Ohne Farbkern, Holz gelblich weiß

**Gew. Fichte** - 19 -

- Mit Farbkern

Nadelhölzer mit Harzkanälen und Farbkern → **1a**

z. B. Wald-Kiefer

**Enthält keine Harzkanäle**

- Mit gelbbraunem bis dunkel rotbraunem Kern, wellige, meist schmale Jahrringe, relativ schweres Holz

**Gew. Eibe** - 24 -

- Holz ohne Farbkern, grauweiß

**Weiß-Tanne** - 18 -

# 1a Nadelhölzer mit Harzkanälen und Farbkern

**Enthält zahlreiche, deutliche Harzkanäle**

Mit rötlich braunem Farbkern, deutlicher Früh-/Spätholz-Farbkontrast, charakteristischer Geruch

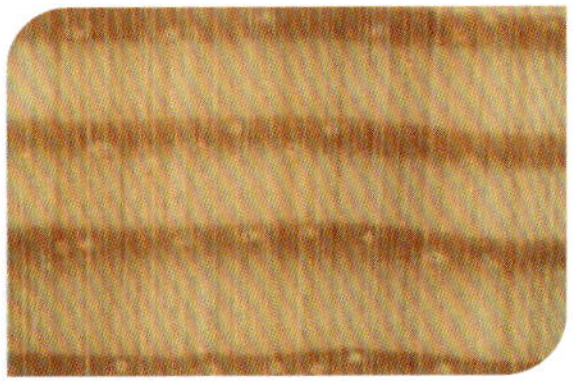

**Wald-Kiefer** - 20 -

Mit blassem, rötlich braunem Farbkern, meist sehr schmales Spätholz, sehr leichtes Holz

**Weymouths-Kiefer** - 23 -

**Harzkanäle weniger häufig, weniger deutlich**

Mit kräftig rotbraunem Farbkern, Früh-/Spätholz-Übergang im gleichen Jahrring überwiegend schroff

**Europ. Lärche** - 21 -

Mit rötlich (rosa)braunem Farbkern, Früh-/Spätholz-Übergang im gleichen Jahrring überwiegend allmählich, meist breite Jahrringe, breites Spätholz

**Douglasie** - 22 -

# 2 Ringporige Laubhölzer

*Holz enthält Gefäße, Jahrringe durch sehr große, einen Porenring bildende Frühholzgefäße markiert*

**Spätholzgefäße radial angeordnet**

Holzstrahlen deutlich mit bloßem Auge als breite Linien sichtbar

Kernholz braun, verthyllt

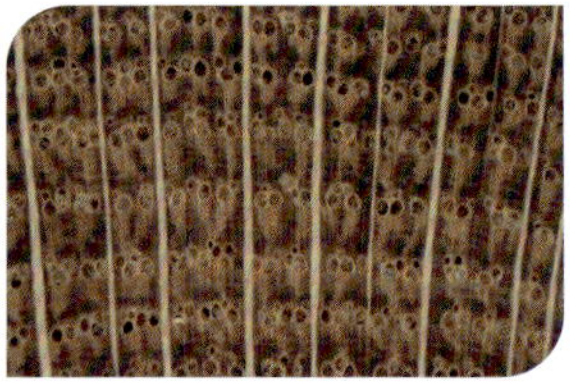

**Stiel-/Trauben-Eiche** - 27 -

Kernholz rosa, kaum verthyllt

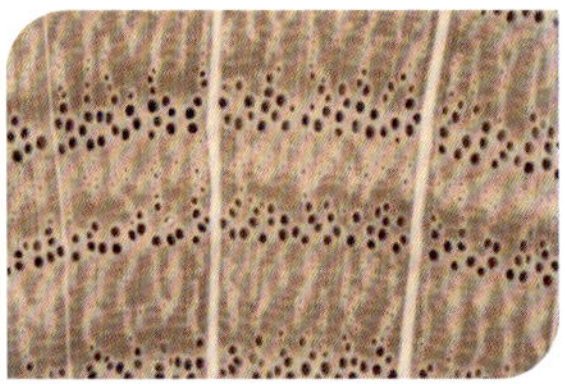

**Rot-Eiche** - 28 -

Holzstrahlen mit bloßem Auge nicht sichtbar

**Edelkastanie** - 29 -

**Spätholzgefäße in parallel laufenden tangentialen Wellenlinien angeordnet**

**Ulme** (Rüster) - 30 -

**Spätholzgefäße meist einzeln, teils in Nestern oder kurzen tangentialen Reihen angeordnet**

Gefäße im Kernholz vollständig und sehr dicht verthyllt, Kernholz insgesamt grünlich (oliv), nachgedunkelt braun

**Robinie** - 31 -

Spätholzgefäße regellos, meist einzeln und paarig

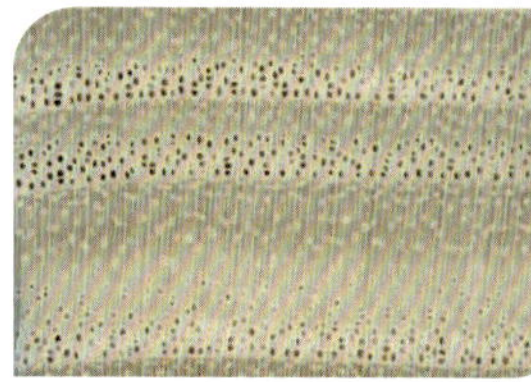

**Gew. Esche** - 32 -

# 3 Zerstreutporige oder halbringporige Laubhölzer

*Enthält Gefäße, Gefäße meist klein, kein Größenunterschied zw. FH- und SH-Gefäßen, der einem Mehrfachen entspricht*

**Gefäßgrößen oder Gefäßdichte zwischen Früh- und Spätholz deutlich unterschiedlich:**
**Halbringporige Laubhölzer**

**Gefäße bei wenig geänderter Größe annähernd gleichmäßig über den Jahrring verteilt:**
**Zerstreutporige Laubhölzer** → **4**

Gefäße über den Jahrring mehr oder weniger gleichmäßig verteilt, aber mit deutlichen Größenunterschieden zwischen Früh- und Spätholz

↓

Gefäße im Vergleich zu Zerstreutporern relativ groß, teilweise vom Spätholz zum Frühholz größer werdend, aber relativ gleichmäßig über den Jahrring verteilt, mit bloßem Auge an den Längsschnitten erkennbare schwärzliche Einfärbungen und Nadelrisse

Gefäße deutlich kleiner als bei Ringporern und über den gesamten Jahrring etwa gleich groß, jedoch im Frühholz deutlich gehäuft (Porenring aus kleinen Gefäßen im Frühholz) →

Holzstrahlen im Lupenbild deutlich hell zum übrigen Gewebe kontrastierend

Weniger deutlicher Splint/Kern-Farbkontrast als bei Pflaume, Kern streifig, in der Regel kaum Rottöne enthaltend, dagegen überwiegend grünlich braune Farbtöne.
Splint gelblich braun verwaschen

Splint/Kern-Farbkontrast deutlich, Kern dunkel streifig, in der Regel immer Rottöne (purpur) enthaltend.
Heller, gelber Splint

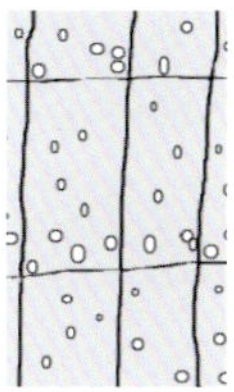

**Echte Walnuss** - 35 -

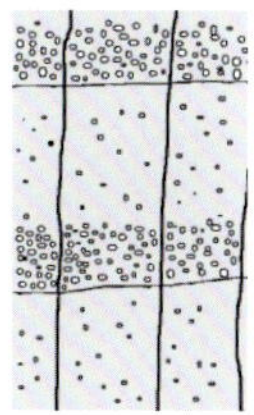

**Vogel-Kirsche** - 37 -

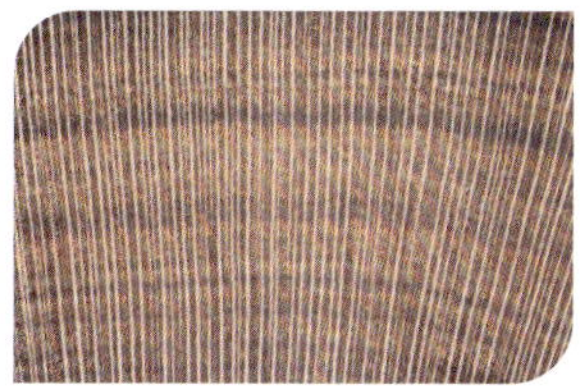

**Pflaume** - 36 -

# 4 Zerstreutporige Laubhölzer

*Gefäße bei wenig geänderter Größe annähernd gleichmäßig über den Jahrring verteilt*

**Enthält Holzstrahlen, die im Querschnitt mit bloßem Auge deutlich erkennbar sind**

**Holzstrahlen regelmäßig und schmal, im Querschnitt nur mit der Lupe erkennbar → 4a**

**Mit bloßem Auge erkennbare Holzstrahlen regelmäßig und breit**

**Mit bloßem Auge sind im Querschnitt unregelmäßig angeordnete Scheinholzstrahlen erkennbar**

Zwischen breiten Strahlen auch schmale, nur mit Lupe sichtbare HS, dunkle Spiegel (R), schlanke Spindeln (T), Holz hell rötlich braun, Tendenz zur Halbringporigkeit

Fast ausschließlich breite HS, dicht gestellt. Spiegel schuppenartig (R), Spindeln gedrungen (T). Splint weißlich, Kern blass braun

Holz rötlich braun, mit Scheinholzstrahlen und häufig mit Zellgängen, Holz weich

Holz grauweiß, sehr hart und schwer, oft wellige Jahrringgrenzen

**Rot-Buche** - 41 -

**Platane** - 42 -

**Schwarz-Erle** - 43 -

**Hainbuche** - 44 -

# 4a Zerstreutporige Laubhölzer

*Holzstrahlen regelmäßig und schmal, im Querschnitt nur mit der Lupe erkennbar*

**Abstand der Holzstrahlen meist nur 1 bis 2 Gefäßweiten, Holzstrahlen gegen übriges Gewebe wenig kontrastierend**

**Abstand der Holzstrahlen mehrere Gefäßweiten → 4b**

Holzstrahlen extrem fein, auch mit der Lupe nur schwer erkennbar

Holz leicht, von sehr feiner Struktur, hell gelblich, Farbeinläufe, charakteristischer Geruch

**Rosskastanie** - 52 -

Holz sehr leicht und schlicht, meist breite Jahrringe

Mit Farbkern →

← Ohne Farbkern

(Pappel oder) **Weide** - 51 -

**Aspe** - 50 -

Holzstrahlen fein aber mit der Lupe gut erkennbar, Holz hart und schwer

Holz rötlich braun, selten hell, kein Farbkern →

← Splint rötlich weiß, Kern hellbraun bis rotbraun, oft „wasserstreifig“

**Wild-Birne** - 48 -

**Wild-Apfel** - 49 -

# **4b** Zerstreutporige Laubhölzer

*Abstand der Holzstrahlen mehrere Gefäßweiten*

**Holzstrahlen auffällig gegen das Grundgewebe hell kontrastierend**

**Holzstrahlen gegen übriges Gewebe wenig kontrastierend**

Holzstrahlen schmal, hell gegen das Grundgewebe kontrastierend, Holz hart, glänzend, gelblich weiß bis bräunlich nach-dunkelnd

Holz gelblich grau bis hell bräunlich, kein obligatorischer Farbkern, Holzstrahlen örtlich leicht wellig, Gefäße in kurzen radialen Reihen, einige Gefäße erscheinen weiß (wie mehlbestäubt), rötlich braune Zellgänge häufig

Holz weich, Holzstrahlen vorwiegend gerader Verlauf (scharf begrenzte Linien), Holz gelblich bis rötlich weiß, kein Farbkern

**Ahorn** - 45 -

**Birke** - 46 -

**Linde** - 47 -